改訂版

間伐と
目標林型を考える

藤森隆郎 著
Takao Fujimori

林業改良普及双書 No.163

はじめに

今、日本の林業の緊急課題は、戦後の拡大造林政策によりそれまでの2倍の面積に増えた針葉樹人工林をどのように扱っていくかである。わが国の人工林の齢級配置は40年生から45年生にかけての付近にピークがあり、それらの非常に多くは間伐されずに過密状態にある。40～50年生の森林といえば利用価値のある径級に達してきたものであり、これを今どのように扱うかは、今後の日本の林業の経営基盤を確保できるか否かに関わるものである。すなわち早急に適切な間伐に着手するかどうかは、今後日本が林業を産業として展開していけるかどうか、それとも戦後営々として造成してきた人工林を環境保全的に問題のあるものとして抱え込んでいくかどうかを決めるものであり、それは待ったなしの時期に来ているのである。

木材はわが国が自給すべき循環型資源として絶対不可欠なものである。そのために大事なことは、現在の経営にプラスを得つつ将来の経営基盤の充実に向けて適切な間伐を進めていくことである。間伐には、気象災害に対して強い林分を維持するために、利用価値の高い木を育てていくために、そしてその時々の収入を得ていくために、さらにまた環境保全との調和を図るために、などという大事な目的がある。その目的のための適切な密度管理と選木の組み合わさったものが間伐である。

そのために大事なことは、目標とする経営の姿を描き、目標とする森林の姿、すなわち目標林型を描いて、それを頭に入れた施業体系の中で間伐を進めていくことである。目標林型は、目標とする経営基盤そのものである。間伐は経営基盤を造り、定期的な収入を得るための経営上の非常に重要なものである。1回、1回の間伐は独立してあるのではなく、施業体系全体のシリーズとして捉えてこそ意味があるものである。

林業生産における目標林型も間伐も、そのための道づくりと機械の利用システムを伴うものである。私は道や機械の専門家ではないが、必要に応じて道、機械、作業システムと間伐や目標林型の関連性についても触れていきたい。作業システムはコスト分析を通して評価されなければならないが、本書ではそのことを指摘するまでに止まっている。しかし、個々の技術は全体技術の中で見ていくことが大切であり、本書ではそのようなことを念頭において「間伐と目標林型」に関することを色々な角度から捉えていきたい。

2010年2月
藤森隆郎

目次

目　次

第1章

間伐と目標林型の意味

いまなぜ間伐と目標林型か

人工林の戦後の歩み

戦時中は緊急事態の中で更新を伴わない過伐が進み、戦後の復興期から高度経済成長期にかけては、木材需要の急増により材価は高騰し、それが日本経済の泣き所となった。それに対応するためにその当時の40〜50年生の人工林、多くの天然林（天然更新し、人手の加わらない森林）、天然生林（天然更新し、人手の加わる森林）を伐採して人工林を増やす政策、すなわち拡大造林政策が１９６０〜１９７０年代を中心に展開された。それとともに外材の輸入関税の大幅な緩和政策が採られ（１９６１年）、その後の円高も手伝って安い外材の輸入量が増大し、日本の林業経営は苦しくなり、国産材率は低下し続けてきた。

拡大造林によって人工林面積は終戦直後（昭和20年代）の2倍に増えたが、その後の社会情勢の変化により間伐もなされない不健全な人工林が増え続けてきた。林業の再生に向けて、この人工林を木材資源として価値あるものにしていくことはわれわれの世代の責務である。持続可能な社会の構築のために、それぞれの地域の自然を生かしていくこと、すなわち日本の自然の最大の資源である森林の力を生かしていくことは大変重要である。それによって雇用を増やし、経済的、環境保全的に豊かな地域の持続的社会の構築に大きな役割を果たすことができるからである。ただし立地的、社会的条件から林業を続けていくことは無理な人工林（無理なところにつくられた人工林）は、思い切って天然林または天然生林に切り替えていくことが必要である。森林の多様な機能を適切に発揮していくためにはそのことは極めて大切である。

林業再生の動き

かつて農山村に人が多く、材価に恵まれていた頃には、個々の森林所有者が林業の担い手として機能し、農家林業も林業の重要な部分を占めていた。しかし担い手の流出や老齢化に伴い林業活動が低下するとともに、国際市場価格の下で経営を行っていくには、林業経営の技術革新が求められるようになってきた。拡大造林の時代からしばらくは、植えろ、育てろの姿勢で来たが、利用径級に達したものを効率的に搬出して販売していく経営戦略と技術力が伴ってこなかった。

北米やシベリアの天然林で伐られた針葉樹材が大量に輸入されていた時代には、国産材がそれらに太刀打ちできない言い訳は成り立ったが、ヨーロッパの人工林材が日本の国産材を圧迫するようになったのは、地域ごとの連携の取れた計画的な伐出、路網の整備と効率的な機械力の駆使による、伐出過程の労働生産性の向上したことに負うところが大きい。ここ数十年の間に日本とドイツの間では素材の労働生産性は5倍以上の違いが生じてきた。

しかし日本でも京都府の日吉町森林組合が21世紀に移り変わる頃から、組合員所有の森林を取りまとめて団地化し、そこに最適ルートの道を作設して機械力を合理的に駆使し、間伐材の伐出の労働生産性を飛躍的に高め、林業経営の改善と向上を果たしており、それは他地域へのモデルとして役立つものとなっている。

日吉町のシステムは、森林所有者の森林を調査し、森林所有者に施業提案をして、隣接する所有者の森林を事業推進のために適切な大きさに団地化し、合理的な施業を進め、収益を高めて健全な経営を展開していこうとするものである。日吉町の動きを参考にして、提案型集約化施業を普及させるために、林野庁の事業として2007年から「提案型集約化施業の森林施業プランナー研修」が実施され、その成果が見え始めている。

その研修では、機械を中心に見た作業システム、コスト分析、道づくりなどとともに「目標

図1　森林施業プランナーの育成研修（京都府日吉町森林組合）

森林組合など林業事業体の森林施業プランナーは、提案型集約化施業などこれからの森林管理の中軸として活躍が期待される

林型と間伐」についても講義や実習が行われ、私はそこのところを担当している。この研修では各科目の整合性が取られるように、常に講師陣の間で検討がなされている。本書は、その研修講義とテキストの内容を多く参考にさせていただいている。

その結果として、本書は森林組合や林業事業体などの関係者に向けた語り口になっている傾向がある。しかし「間伐と目標林型」の考え方と技術は、自伐林家を始めとする林業関係者の全てに当てはまるものである。

間伐と目標林型の重要性

人工林をつくれば、その目標にしたがって手入れをしていくのが普通である。長期的に見て手入れの中心は間伐であり、かつ20～30年生以降の林齢での間伐は収入価値を伴ってくるものであり、30～40年生以降の一連の間伐は、収穫作業として経営的に非常に重要なものである。目標林型の違いによって間伐の仕方は違ってくる。長伐期に持っていくほど、あるいは択伐林施業（8章の中の「非皆伐施業（複層林施業、択伐林施業）」参照）の上木に仕立てていくものほど適切な樹冠の発達について注意を払う必要がある。木が大きくなるほど強風に対する耐性が重要であり、枝下材（樹冠より下の材）の好ましい太りを維持促進することが重要だからである。生産林の目標林型は好ましい形質の木の集団の姿である。どのような目標林型に導いていくのか、目標林型に達したものはどのように維持回転させていくのかを考えて、その体系の中で間伐は行われていくべきものである。

前のパラグラフで、「複層林」という用語を使ったが、この用語は近年「複相林」と表記されることが多くなってきている。その理由は、「複層」というと上下に層が重なり合っているイメージであるが、実際には上層木の樹冠同士の間（ギャップ）に下層木が生育していることが普通だからである。その実態に合った表現として「複相林」という表現が好ましいと言うことである。群状択伐林などの場合は、明らかに「複相林」の表現の方が適切であろう。本書ではこれまでに使われてきている「複層林」という用語を使うことにしたが、「複層林」と「複

図2　長伐期多間伐施業の目標林型　130年生ヒノキ林（三重県、速水林業）

若い時代から適時に間伐収穫を繰り返して現在に至っている。樹冠の発達に必要な生育空間が常時与えられ、樹冠長率は60％程度を確保している。気象災害に対して強く、下層植生も豊かで生物多様性や水源涵養機能とも調和している

相林」は同じ意味である。

伐期が100年ぐらいの長伐期多間伐施業を進めていけば、4章の中の「望ましい間伐シリーズの一例」の図18（79頁）から分るように、総収穫材積の3分の2は間伐によるものであり、間伐こそが経営の主体だということになる。それは逐次収入を得るというだけでなく、間伐を重ねた後ほど収穫材の価値を増し、気象災害に対する耐性を増して、収穫の安全性を高め、次頁「森林の多様な機能の発揮と林業」で説明するように環境保全機能との調和を高めるものである。このように間伐は経営の柱をなすものであるが、それ

を可能にさせるには路網を整備し、機械の効果的な使用が不可欠である。道、機械と作業システムについては6章で触れる。

森林の多様な機能の発揮と林業

森林は生物多様性の維持、水土保全、保健文化、そして木材など林産物の生産という多様な機能を有している。これらの多面的機能は重層性を有しているが、木材生産と生物多様性や水土保全との間には同調しないところがある。例えば、目的とする樹種の生産量を多くしようとすれば、生物多様性とは相容れなくなることは避けられないことである。したがって木材生産のための人工林施業では、生物多様性や水土保全機能との乖離《かいり》をできるだけ小さくするために施業の工夫が必要である。それは適切な間伐を進めていくことであり、伐期をできるだけ長くしていくことであり、できれば非皆伐的な施業を目指すことなどである。そのような技術を高めることは、長期的に見れば林業経営を有利に展開していけることになる。これらのことは8章以下で詳しく説明する。

それとともに生産以外の機能を調和的に発揮させるために、地域や流域全体の中でそれぞれの機能を特に重点的に発揮させる森林を区分し、それぞれに適した森林の管理・施業を合理的に行っていくことが大切である。９章で説明するが、木材の生産速度を高めようとする森林と、生物多様性や水源涵養機能を高めようとする森林では目標林型が異なり、管理・施業の方法が異なる。木材生産を第一の目的とする森林（生産林）の目標林型は人工林または人工要素の高い森林という範疇《はんちゅう》のものである。それに対して生物多様性の保全や水源かん養機能を第一に求める森林（環境林）の目標林型は天然林または天然要素の高い森林という範疇のものである。

なお前記の文章に「人工林」と「天然林」という用語が出てきたが、その中間に「天然生林」という用語がある。ごく簡単に説明すると、人工林は植栽された森林、天然林は天然更新して人手がほとんど入らない森林、天然生林は天然更新により成立した（一部植栽のあることもある）が人手の入る森林、である。このように区分することの重要性と、より詳しい説明は９章の中の「林種」でなされる。

地域の管理指針を創るために—目標林型がなぜ必要か

長期的な森づくりの考え方

これからは地域ごとにどのような森づくりをしていくかを考えることが重要である。森林とは時間方向に長いものである。したがって森づくりには長期的な考え方が必要である。森づくりの主体は人間であるから、そこに人間の都合が働くのは当然であるが、対象となる森林の法則性を知り、特に時間方向に森林の構造はどのように変化していくのかの法則性を知ることが重要である（9章の中の「森林の発達段階」参照）。構造は機能と密接に関係するから重要なのである。人間の都合と森林の法則性に関する知識を上手く関係させて森林と付き合っていくことが大切であり、そのためには「目標とする森林の姿（目標林型）」を描き、それに向けた森林の管理計画や施業計画が必要である。

図3　途中段階の目標林型　40年生のスギ林（一部ヒノキが混交）
（愛媛県、岡信一氏経営林）
間伐と枝打ちが適切になされ、樹冠長率は50%余りを有している。現在立っている木は全て現時点での間伐においても、将来の収穫においても価値の高いものである。生産対象木が太陽エネルギーを有効に利用するとともに、下層の植生も豊かで生物多様性と水源涵養機能とも調和している。気象災害に対しても耐性が高い

目標とする森林の姿が必要である

前述したように、長期的な森づくりの管理指針を得るためには、「目標とする森林の姿」を求めなければならない。これが森林の管理計画を立てるための基本である。目標のないところに計画はあり得ないからである。「目標とする森林の姿」とは、「目標とする森林の構造」であり、「目標とする森林の型」である。それを簡潔な言葉で表したのが「目標林型」である。目標林型には「最終の目標林型」があり、それが重要であるが、その「途中段階の目標林型」も必要

である。間伐は途中段階の目標林型を整えていく作業であるといえる。

目標林型をどのように表すかは9章の中の「目標林型の求め方」などで述べるが、人工林、天然林、天然生林などの「林種」と若齢段階や成熟段階などの「森林の発達段階」を組み合わせて示すことを基本とし、さらには、階層構造や種構成により単層林、複層林、単純林、混交林などの区分も表現の一つとなり得る。また人工林においては、「樹冠長率」は目標林型の重要な要素となる。樹冠長率は樹冠の長さを樹高で割ってパーセントで表すものであるが、それについては3章の中の「樹冠構造と幹の成長および密度の関係」で説明する。

林分の目標林型と配置の目標林型

本文でいう目標林型には、まず「林分の目標林型」がある（図4）。そして目標に応じた多様な目標林型の林分の配置のあり方や、目標林型とそれに至る過程の林分の配置といった、小流域や地域全体の林分配置の目標となる姿を求めることも大切であり、それを「配置の目標林型」と呼ぶ（26頁、図5）。皆伐更新の場合は、目標林型の森林と、そこに至る途中過程の森林（それにも途中段階の目標林型がある）を合わせた全体の配置が林業経営体の生産設備になる。非皆伐の複層林施業（択伐林施業）では、林分の目標林型と全体の配置の目標林型とは似通ったも

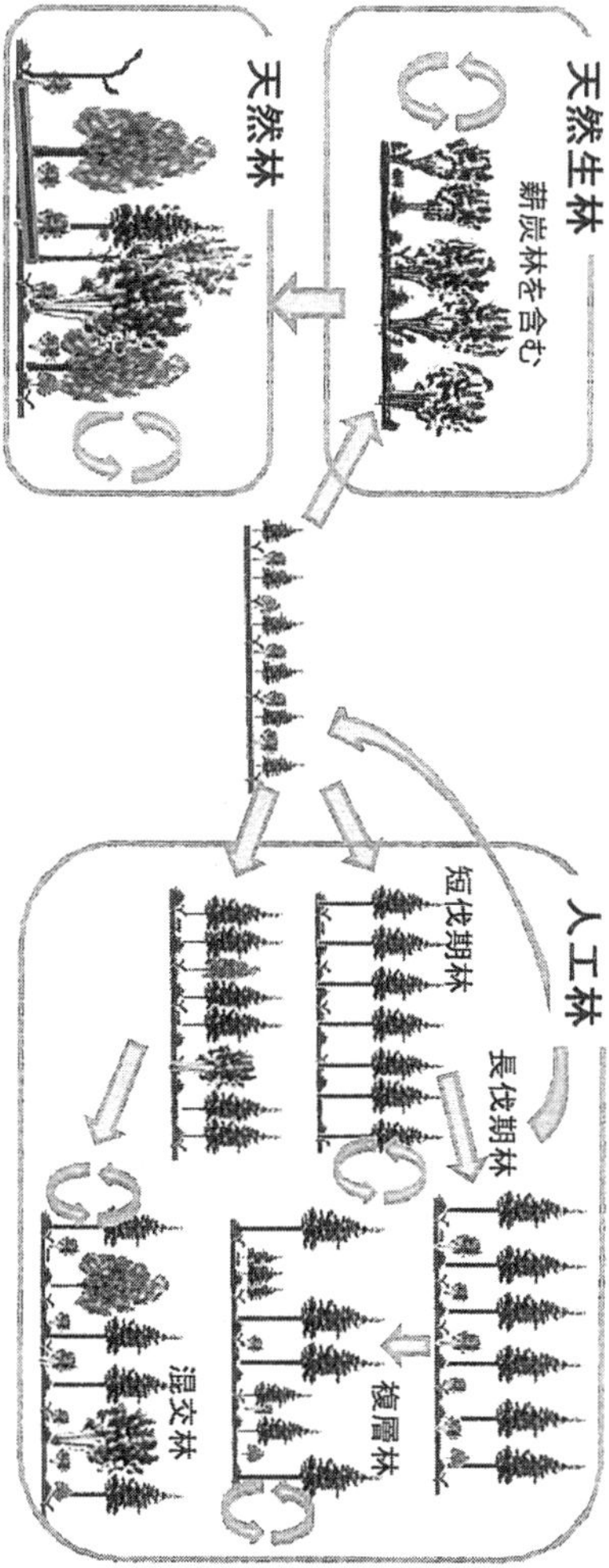

図4　いろいろな機能目的に対する林分の目標林型（全国提案型施業定着化促進部会，2010を一部改変）

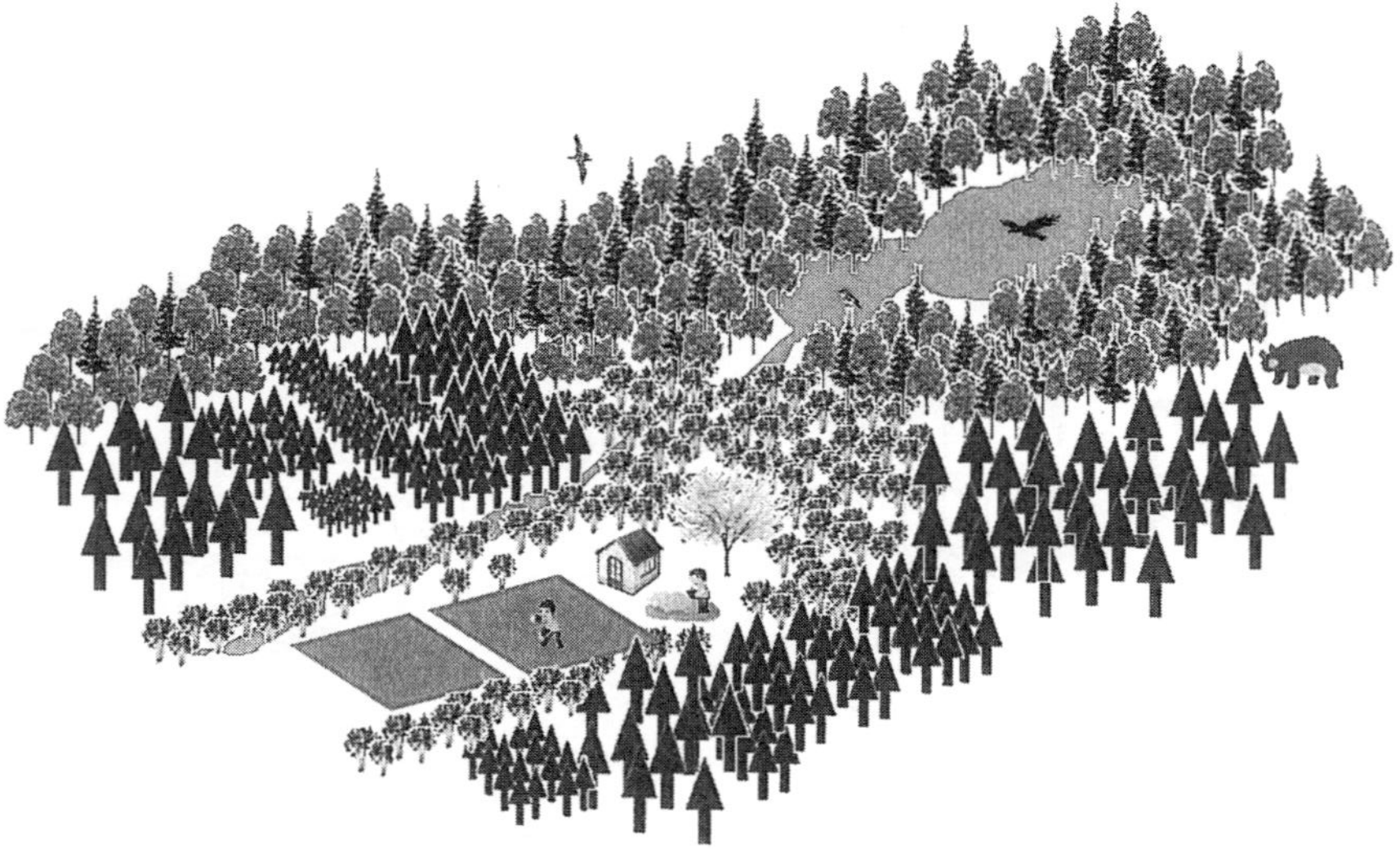

図５　地域（流域）の多様な森林タイプの配置の目標林型の例（全国提案型施業定着化促進部会、2010）

のとなってくる。いずれの場合にしても目標林型が適切であるほど、生産設備は優れていることになる。

人工林の目標林型は間伐のあり方を問うものである

人工林の目標林型は間伐のあり方が強く関係する。間伐は林分を途中段階と最終の目標林型に導く手段であるとともに、定期的な収穫行為として経営上重要なものである。人工林における目標林型は、生産目的に合うものであり、生産以外の機能と調和力のあるものであり、災害に強いものであることが必要である。災害に強いということは生産の安全性が高いということである。これらの要求事項を満たす人工林の目標林型は、適切な間伐によって導かれるものである。

第2章

間伐の意味を改めて整理する

間伐とは

「間伐」とは、森林における「間引き」のことであり、また併せて主伐までの途中で収穫するためにも行われる行為のことである。「間伐」の「間」という字は、「隣と隣の間」という距離的な意味と、「最後の収穫までの間」という時間的な意味を持つものである。

さて、現代の林業において間伐とはどういう意味を持つものかを具体的に考えてみよう。間伐は林分の構造をコントロールし、林分が不健全になるのを防ぎ、生産対象となる木の形質を高め、林分からの定期的な収入を得ることなどのために、林分の中のある割合の木を伐っていく作業である。

すなわち間伐とは、

①森林が不健全になるのを防ぐために間引きをする作業

②良い木を育て、森林の価値を高める作業

③適時に収穫する作業

④途中段階と最終の目標林型に導く作業技術のシリーズである。

①から④までのそれぞれの説明は左記の通りである。

①健全な森づくり

不健全ということについては次の二つのことがあげられる。一つは、混みすぎて樹冠が貧弱になり、幹が細長くて重心が高くなるために、冠雪や強風に対して弱くなることである。もう一つは、林冠が密閉して林内の光環境が悪くなり、下層植生が欠如し、表層土壌が流亡しやすくなることである。

林分の生育段階ごとの単位面積当たりに収容できる葉量には一定の上限がある。林分が混みすぎると、個々の木の健全な成長に必要な葉量が配分されなくなり、樹冠長率が小さく、幹が細長く、台風や冠雪の被害を受けやすくなる。個々の木が健全な形で生育できるように、すなわち望ましい樹冠長率と形状比の木が育つように、個々の木に適切な生育空間を与えてやるのが間伐の重要な役割である。個々の木の間に適切な生育空間が与えられるということは、樹冠同士の間に隙間があるということであり、それによって下層の植生は豊かに生育し、生物多様

図6　不健全な人工林の例

混みすぎていて樹冠長率が20%ぐらいにまで低下し、樹高に対して幹の直径が小さく、風や雪の被害に対する危険性が高い。また林内が暗くて下層植生が貧弱であり、土壌構造の発達が悪く、生物多様性と水源涵養機能にも問題がある。最近間伐が行われたが手遅れの感が強い

性と土壌保全機能が高まる。これらのことについては9章の中の「森林の発達段階に応じた機能の変化」でも触れる。

②利用価値のある材の生産

良い木とは、通直性が高く、年輪幅が一定の範囲でよくそろっており、無節性が高く、傷などの欠点のない木であり、これらの要素を兼ね備えた木をできるだけ早く生産することが経営的に望ましい。しかし良質な材を育てることと、早く成長させることを同時に満たすことは難しい。個々の木の成長を高めようとすると個々の木の樹冠を大きくすることが

図7　健全な人工林の例　61年生スギ林（山形県、岸三郎兵衛氏経営林）

適切な樹冠長率を有し、個体の成長は適度によく、良質な材が形成されつつある。樹高と直径のバランスがよく、重心は比較的低いために風や雪に対する耐性は高い。下層植生は豊かで土壌構造は発達し、生物多様性と水源涵養機能も適切に発揮されている。目標林型は 100 年生以上のところにある

必要である。そうすると節の量と節の大きさは増すし、若い段階の年輪幅は大きくなりすぎる。一方、樹冠が貧弱になると個々の木の成長速度は落ち、強風や冠雪に遭うと折れたりしやすくなる。また折損や根返りを免れても、幹の大きなしなりによって、年輪に剥離《はくり》が生じたり（目回り）、材の組織が傷んで（目切れ）、製材時に大きな欠点となる。以上のことから林木の成長に応じた適正な樹冠の管理、すなわち間伐が大事だということが分かる。

①の「健全な森づくり」で、単位面積当たりに限りのある葉量を、

個々の木が健全に育つように適切に配分してやることが間伐の大きな意義であると述べたが、木材生産を目的とする場合は、形質の良い将来性のある木を選んで、それらに必要な葉量を与えてやることが間伐の本質である。したがって木材生産においては選木の技術が非常に重要である。これらのことについては5章の中の「選木の仕方」で触れる。

③適時の収穫

間伐は生育段階に応じて収穫できるものを適時に収穫していく大切な作業である。①「健全な森づくり」と②「利用価値のある材の生産」は森林の価値を高めていく作業であるが、③「適時の収穫」はその時点その時点でいかに収益をあげていくかの作業であり、それらの兼ね合わせが大事である。初期の間伐ほど①と②の要素が強く、後期の間伐ほど③の要素が強くなる。経営基盤のしっかりとした持続可能な林業経営ほど、全収穫量や全収入に占める間伐の割合は高いものとなる。長伐期多間伐施業がそうであり、さらにその延長上に開ける択伐林施業はそうである（8章の中の「非皆伐施業（複層林施業、択伐林施業）」参照）。

④目標林型に導く作業のシリーズ

上記の①から③までの間伐作業は、あくまでも途中段階の目標林型を経て最終の目標林型に至るシリーズとして捉えることが必要であり、そのことを林業経営の基本と考えなければならない。個々の間伐は間伐シリーズの中で考えるべきであり、施業体系全体の中で考えるべきである。

間伐、択伐等の区別

間伐と類似の用語に除伐と択伐がある。これらの用語があいまいに使われ、議論の混乱を招いていることがよくあるので、これらの違いを確認しておく必要がある。

間伐

間伐とは主伐に対する対語であり、主伐に至るまでの目的樹種を中心とした「間引き」と「途中収穫」の作業である。

除伐

間伐と除伐の違いは、間伐は目的樹種を中心に伐採が行われるのに対して、除伐は目的樹種以外の樹種を中心に伐採されることである。したがって除伐は下刈り作業に続く、保育の比較的初期の段階で行われる作業である。除伐は目的樹種以外の除去を主目的とするが、同時に形質の悪い将来性のない目的樹種も除去するのが普通である。

天然林か天然生林を伐って造成した初代の人工林では除伐が必要なことが多いが、2代目以降の人工林では除伐の必要がない場合が多い。最初の伐り捨て間伐（または保育間伐）を除伐と呼んでいることもあるが、それは本来の意味ではない。除伐と間伐の区別が分からないためにしかたなく除伐と間伐を合わせて「除間伐」と呼んでいることが多く見られるが、これは無駄なことである。

択伐

択伐は「抜き伐り」とも呼ばれることがある。間伐と択伐との違いは、間伐が目的樹種を間引く伐採の全般を指すのに対して、択伐は林分内で相対的に大きくなった木または利用価値の増した木を中心に伐っていく場合のものを指す。大きくなった木と利用価値の増した木は一致することが多いので、択伐は普通は大きな木を中心に伐っていくものといってよい。したがって優勢木間伐は択伐である。択伐は優勢木間伐と、最終目標の大きさになった木の抜き伐りの両方の意味に使われる。択伐は「なすび伐り」と呼ばれることもある。なすびの収穫は食べられる状態に達したものから順次収穫していくが、それにちなんだ呼び方である。

択伐を進めていくと林内に空間が大きくなり、その環境を生かして目的樹種を更新させていく作業を択伐作業（択伐林施業）という。このように「択伐」と「択伐作業」では意味が異なることに注意が必要である。択伐作業は択伐林施業とも呼ばれ、そこにおいては主伐と間伐の概念の違いが薄くなるものである。なお択伐林施業においても中、下層木の間伐を伴うのが普通である。

「択伐」は優勢木を抜き伐りする収穫行為のみを意味する用語であるが、択伐作業（択伐林施業）は「更新を伴う択伐」、すなわち収穫と更新を同時に意味する用語であり、その違いに注意する必要がある。これは少し分かり難いことであるが、古くから林学の教科書で扱われてきたものであり、それに従わざるを得ない。

長伐期多間伐施業を進めていけば、後の方の高齢段階では択伐林施業に結び付けていくことが可能である。すなわち一斉単純林施業で、適切な間伐を続けていき、目標とする最大径級に達した木から択伐的に抜いていき、大きくなった空間に目的樹種を更新させていくと択伐林施業になっていく。択伐林型になれば前述したように主伐と間伐の概念の違いは薄くなっていく。それは林業経営にとって理想とする姿であるが、それを実現させるためにはしっかりとした施業体系のプロセスを踏むことが必要である（8章の中の「非皆伐施業（複層林施業、択伐林施業）」参照）。

主伐

主伐は最終目的の大きさに達した林木を主に皆伐によって伐る場合に用いられる用語である。主伐の中の一つに、皆伐ではなく傘伐《さんばつ》作業といって、耐陰性の高い樹種を更新するために、主伐を10年から20年以内の間に2～3回に分けて単木状、群状、帯状などに実施するものもある。傘伐作業は主伐作業であって、択伐作業（択伐林施業）とは区別されている。なお、傘伐作業はかなりの長伐期施業におけるものであるから、更新期間の10年から20年は短い期間である。また択伐林施業における択伐も主伐と呼ばれる。

間伐の種類

間伐の種類は大きく分けて下記のようなものがある。

定性間伐と定量間伐

定性間伐とは1本1本の木の性質を見て、隣接木同士の関係を見ながら、残す木と伐る木を見分けて間伐するものである。これはこれまでに述べた「間伐の基本的な考え方」に沿う間伐方法である。

それに対して定量間伐は、本数や材積などあらかじめ間伐率を決めるなどして、劣勢木から伐っていくなど、選木をそれほど重視せずに行う間伐である。次に記す機械的間伐や、その中の一つである列状間伐は定量間伐に含まれるものである。

機械的間伐

1本置きや2列置きなどというように、選木にとらわれないで規則的に間伐を進めるものである。列状間伐はその代表的なものである。機械的間伐の代表である列状間伐の長短を以下に列記する。

列状間伐の長所

①伐倒作業において掛かり木を避けることができ、作業がしやすくて安全性が高い。
②その時点だけで見ると労働生産性の高いことがある。
③道が付けにくく作業道間の距離が開いているようなところでは、スイングヤーダなどで材を搬出することができる（ただし、スイングヤーダは機械と人の待ち時間が長い）。

列状間伐の短所

①一定の割合で将来性のある良い木が伐られ、悪い木が残る。
　これは森林の価値を高めていくことに反することである。

②太陽光の有効利用という点に照らして無駄な空間が長く続きやすい。

列状間伐の総合的な判断

適切な密度の作業道を整備して、きめ細かな定性間伐をしていくのに対して、架線系で列状間伐していけば、その時点での収支は列状間伐の方がよい場合があるかもしれない。しかし列状間伐の主役であるスイングヤーダの使用は、機械と人との間の待ち時間が多く、労働生産性が高いとはいえない。次回の間伐以降の収支を含めて考えれば路網の整備を伴った定性間伐の方が有利なはずである。

定性間伐を進めていけば、太陽エネルギーを最も効率的に形質のよい木に配分していくことができ、良質で単価の高い材の収穫歩留まりが高まる。一度つけた道を活用して集材していけば、その都度架線を張って集材するよりも労働生産性は高まるはずである。

しっかりした林業経営を展開していくためには、しっかりした生産基盤を築くことが不可欠である。生産基盤とは利用価値の高い木で構成された森林であり、それに伐出効率を高められる路網と機械のインフラが伴ったものである。利用価値の高い木で構成された森林は太陽エネルギーの利用効率の高い森林であり、優れた生産工場である。定性間伐はそのような優れた生産工場を築いていくことができる。

列状間伐は道の付けがたいところの架線による間伐や、道の整備が伴わない最初の間伐などにおいて意味のあるものである。その場合でも2残1伐、または3残1伐として、残存列の中の形質の悪い木は伐ることが望ましい。

なお、伐倒技術が未熟だから列状間伐を行うというのは、作業は安全性が大事だから必要なことであるが、伐倒技術の向上に努め、定性間伐ができる条件のところでは、それができるように努めていくことが必要である。

本書で扱う間伐は定性間伐である。

伐り捨て間伐と利用間伐

利用径級に達する前の1回目の間伐では、伐り捨て間伐とすることが多い。市場で取引されるサイズのものを伐り捨て間伐することはまずいが、そうでないものは、林地に置いておくことにも林地保全のために意味のあることである。そういう意味では伐り捨て間伐も林地保全（地表流の流下速度と土壌侵食エネルギーの抑制)のための利用間伐ということになる。したがって「伐り捨て間伐」という呼び方がまずく、「伐り置き間伐」という呼び方にすべきだという意見もあるが、ここでは一般に使われている伐り捨て間伐という用語を使う。

林地から搬出して利用に供する間伐を「利用間伐」または「搬出間伐」という。搬出して最初の利用には、道づくりにおける丸太組み工法などの材としての利用がある。そして市場価値のあるものは市場や製材所に搬出される。

いずれにしても間伐材は伐られたその場所から、市場に至るまでそれぞれの場所でそれぞれの役割を果たすことを認識する必要がある。その認識の上で、できるだけ市場に出して売れるように努力することが重要である。

第3章

間伐の基礎知識と応用

間伐の基礎知識として最も大事なのは、樹冠構造と幹の成長の関係、およびそれと生育空間、すなわち立木密度との関係であり、その基本的な法則性を理解しておくことは応用力を高めるために重要である。

樹冠構造と幹の成長および密度の関係

樹冠構造と幹の成長の関係

間伐、すなわち密度管理と選木の技術は、林分の個体にどの程度の樹冠を与えていくかの樹冠管理技術である。その技術を理解するためには、樹冠の構造と幹の成長の関係を理解しておく必要がある。それぞれの枝の葉で光合成により生産された物質は、まずその枝の成長とその枝の葉の増産に使われ、それ以外の生産物はその枝よりも下の幹の成長と、さらには根系の成長に使われていく（図8）。

この現象を捉えて、幹はそれぞれの葉着き枝のパイプが束ねられて形成されたものであると

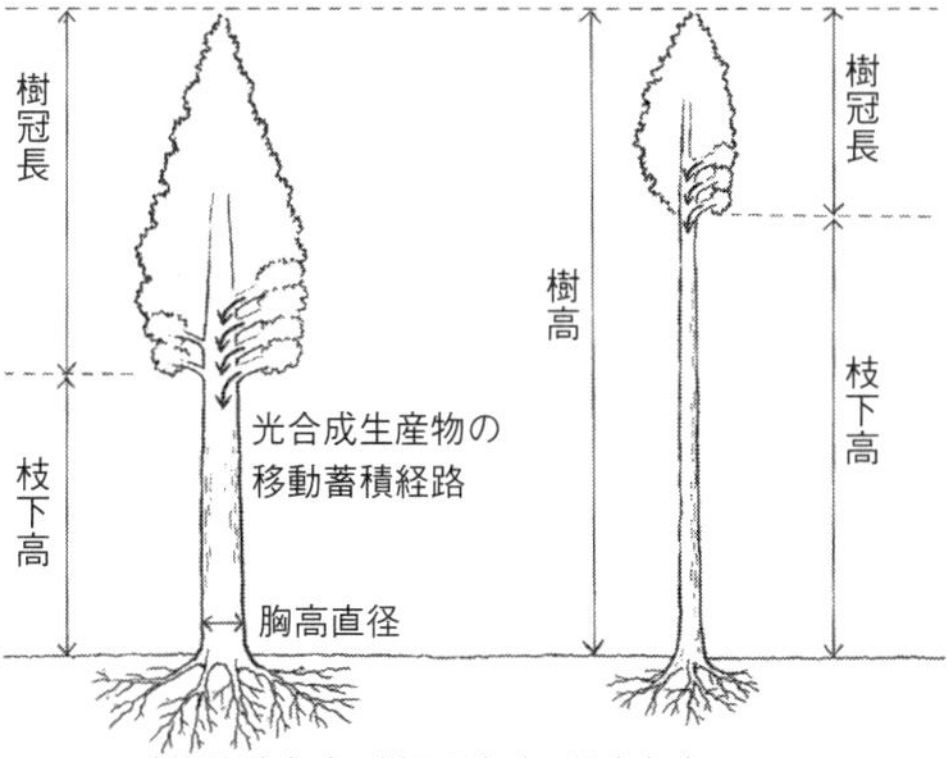

樹冠長率（％）＝樹冠長（m）÷樹高（m）×100
形状比（％）＝樹高（m）÷胸高直径（cm）×100

図8　葉の分布と幹の成長

左と右の木は同じ樹齢だが、左は疎な状態で、右は密な状態で育ったものである。それぞれの枝の葉で生産された物質は、その枝とその枝より下に運ばれて蓄積されていく。疎な状態で育った木は樹冠が発達していて幹の肥大成長はよい。密な状態で育った木は下枝の枯れ上がりが進んで樹冠量（葉量）が少なく幹の肥大成長は悪い。極端に密な状態でないと、樹高は疎密度に関係なく同じなので、密なほど（樹冠量が少ないほど）幹は細長くなる。

考えることができ、それをパイプモデルセオリーと呼んでいる。したがって図8のように樹冠の中にある幹の形は円錐形に似ているが、樹冠よりも下の幹の形は円柱に似た形になる。しかし樹冠より下は円柱形に近いといってもやはり下に行くほどわずかずつ太くなっているのは、既に枯れた枝のパイプが幹の中に残されているからである。なお、地際のところが太くなっているのは、地上部の重力が根系に伝わる場所で起きる物理的現象であると説明されている。

幹は葉着き枝と根系の間にあるパイプの集積物であるといえる。林業はその幹の生産を目的とするのであるから、好ましい幹の形質とその幹の適正な生産の速度を求めて樹冠をコントロールしていくことが必要である。それが間伐技術と枝打ち技術であるが、樹冠管理技術としてのウエイトは間伐の方がはるかに大きい。

立木密度と成長との関係

同一樹種の同齢林（一斉単純林）で、林分の立木密度（1haなど単位面積当たりの立木本数）が高くなるほど、下枝の枯れ上がりは進行し、樹高に対する樹冠長の比率、すなわち樹冠長率は低下していく。樹冠長と樹冠長率は図8（45頁）に示したとおりである。傾斜地で上下の木の樹冠が接していると、谷側の枝が山側の枝よりも下まで存在するのが普通だが、樹冠長は梢端から山側の一番下の枝と、谷側の一番下の枝の中間の高さまでとする（図9）。ただし、まとまった枝で構成されている樹冠から離れて下に孤立的に存在する枝までは含まない。

立木密度と成長および樹形の間には次のような関係がある。

①密度が増すにしたがって、下枝の枯れ上がりは進行し、樹冠長率は低下する。

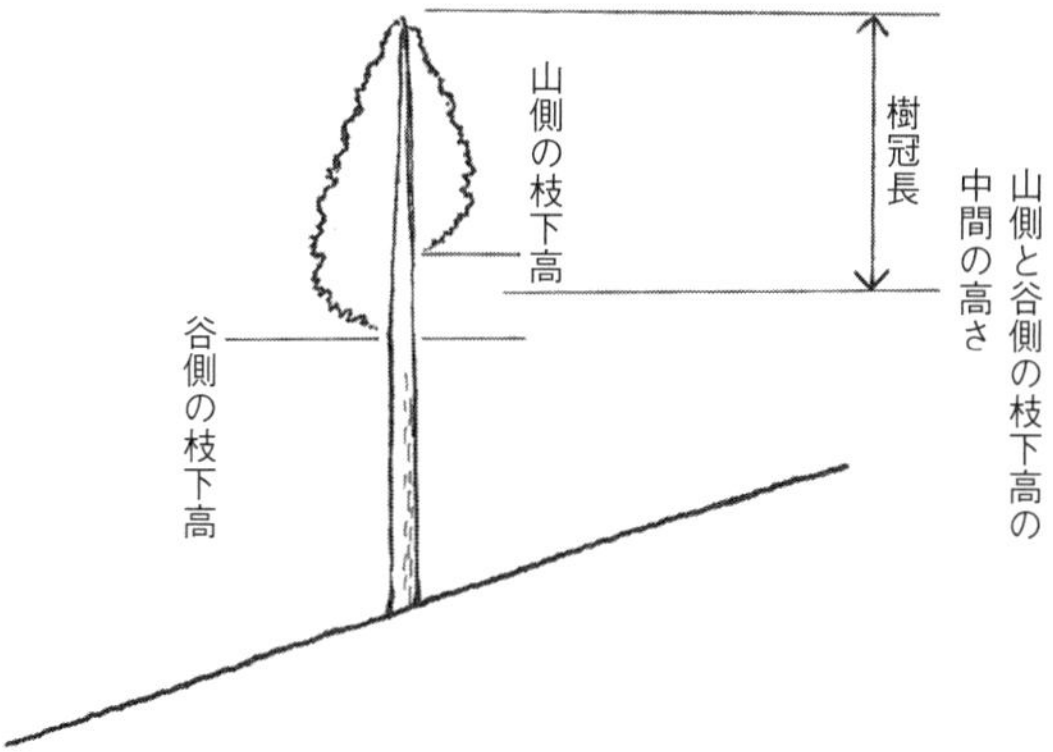

図９　樹冠長の測定位置

谷側の枝は山側の枝よりも下までついていることが多いが、そのような場合の樹冠長は、谷側の一番下の枝と山側の一番下の枝の中間の位置から梢端までの長さとする

②過密で極端に樹冠長率が低くなるまでは、樹高成長は密度が増しても変わらないが、直径成長は密度が増すに従って小さくなる。

③その結果として密度が増すに従って、幹の直径に対する樹高の比率（形状比）は高まる。すなわち、幹は細長くなる。

④極端に過密になり、樹冠長率が20％ぐらいまで低下してくると、樹高成長も低下する。

⑤樹冠の発達と根系の発達には密接な関係があり、密度が高まり樹冠の発達が悪くなれば根系の発達も悪くなる。

上記のいくつかに関する説明を以下に加える。

①の説明：　樹冠長率が低下すると、個体の成長は低下する。また、重心が高くなって風害や冠雪害を受けやすくなる。若い段階では樹冠長率が30％を割らないようにし、50％を目指していくような密度管理が望ましい。高齢林では50～60％の樹冠長率が好ましい。

③の説明：　樹高（m）を幹の胸高直径（㎝）で割った値を形状比といい、密度が高くなるほど形状比は高くなる。形状比が80を超えると風害や冠雪害に対して危険で、70以下だと安全性が高いといわれている。

④の説明：　樹冠長率が20％に近づいた木や、その林分は間伐を加えても回復の可能性は少なく、気象災害に対しても弱く、たとえ折れたり倒れたりしなくても、材に目回り（年輪の剥離）や、もめ（材の亀裂）の生じている可能性が高い。またスギなどの特定の樹種では、そのような木は、間伐すると後生枝《こうせいし》が発生して材質を低下させる。後生枝とは、樹冠が貧弱で、光条件が良くなったときに、樹冠下の幹から出てくる休眠芽（潜伏芽）や不定芽（形成層から生じる芽）由来の枝のことである。

⑤の説明：　木の大きさに対して樹冠と根系が貧弱であると、間伐によって生育空間が改善されても、すぐには成長が回復できず、その間に強風や冠雪により、折れたり、曲がったり、根返りを起こしたりしやすい。

個体および林分の密度と成長の関係

閉鎖した林分の個体の大きさと樹冠長率の関係

閉鎖した一斉単純林の中では、樹高の高い木も低い木も、その枝下高（地際から樹冠までの高さ）はほとんど変わらない（50頁、図10）。したがって樹高の高い木ほど樹冠長は大きく、かつ樹冠長率も高い。そのため劣勢木の方が樹冠長率の低下が早く、形状比は高まる。したがって過密な林分で優勢木間伐をするのは風害と冠雪害に対して非常に危険である。

密度と個体の成長との関係

図11（51頁）の（a）は、スギの一斉単純林において、生育段階が進むにしたがって、本数密度と平均幹材積との関係がどのように変化していくかを示したものである。平均幹材積は林齢が増すにしたがって増えていくが、同じ林齢では密度が高まるほど平均幹材積は低下し、ある密度以上になると小さな個体から淘汰されていくことが分かる。

密度と林分の幹材積の関係

図11（51頁）の（b）は、スギの一斉単純林における本数密度とha当たりの幹材積の関係を示したものである。低密度の領域では密度の増加にしたがって材積は増加するが、密度が高く

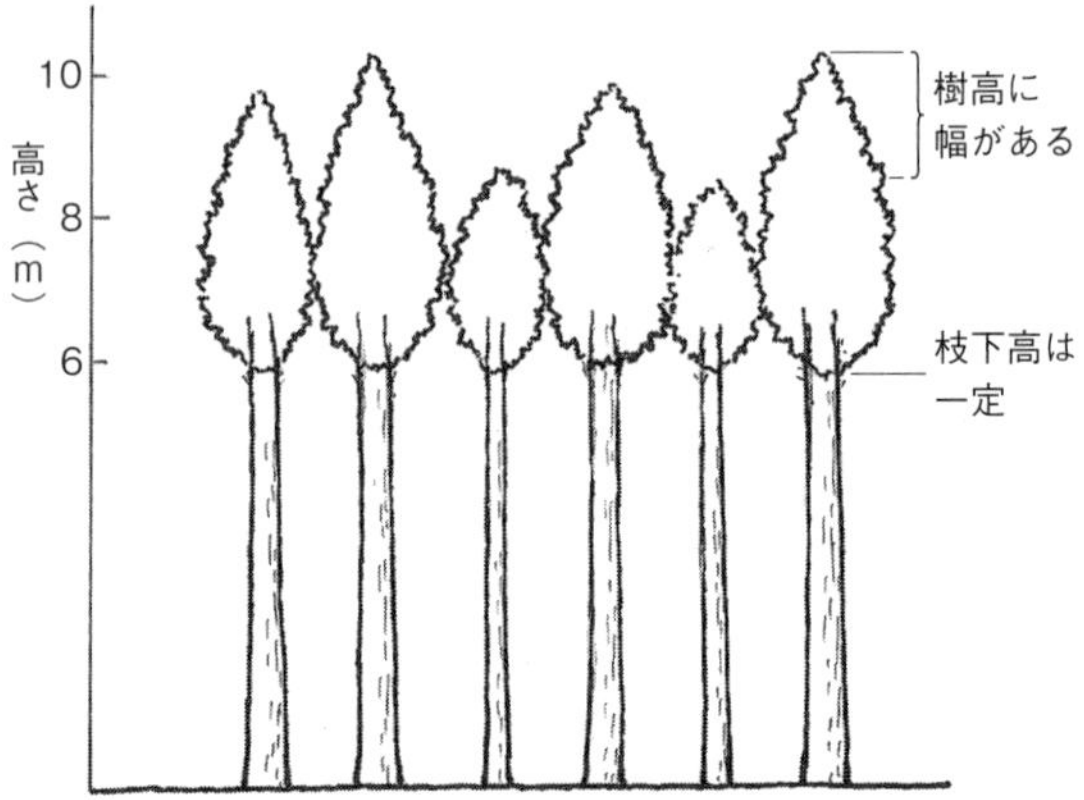

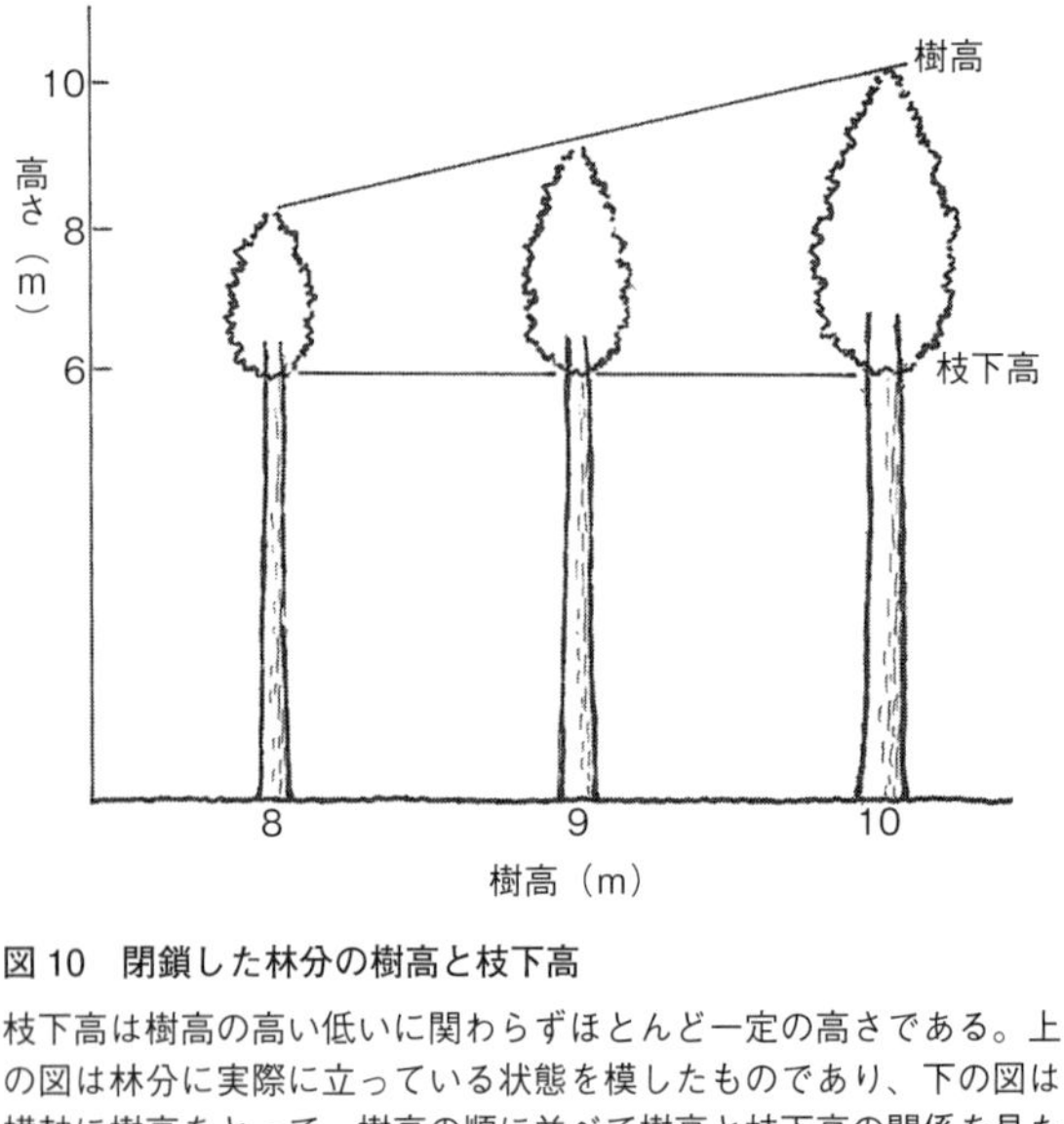

図10　閉鎖した林分の樹高と枝下高

枝下高は樹高の高い低いに関わらずほとんど一定の高さである。上の図は林分に実際に立っている状態を模したものであり、下の図は横軸に樹高をとって、樹高の順に並べて樹高と枝下高の関係を見たものである。下の図の一番左の小さな木の付近は枝下高がやや下がる傾向はあるが、この図ではそれは無視してある

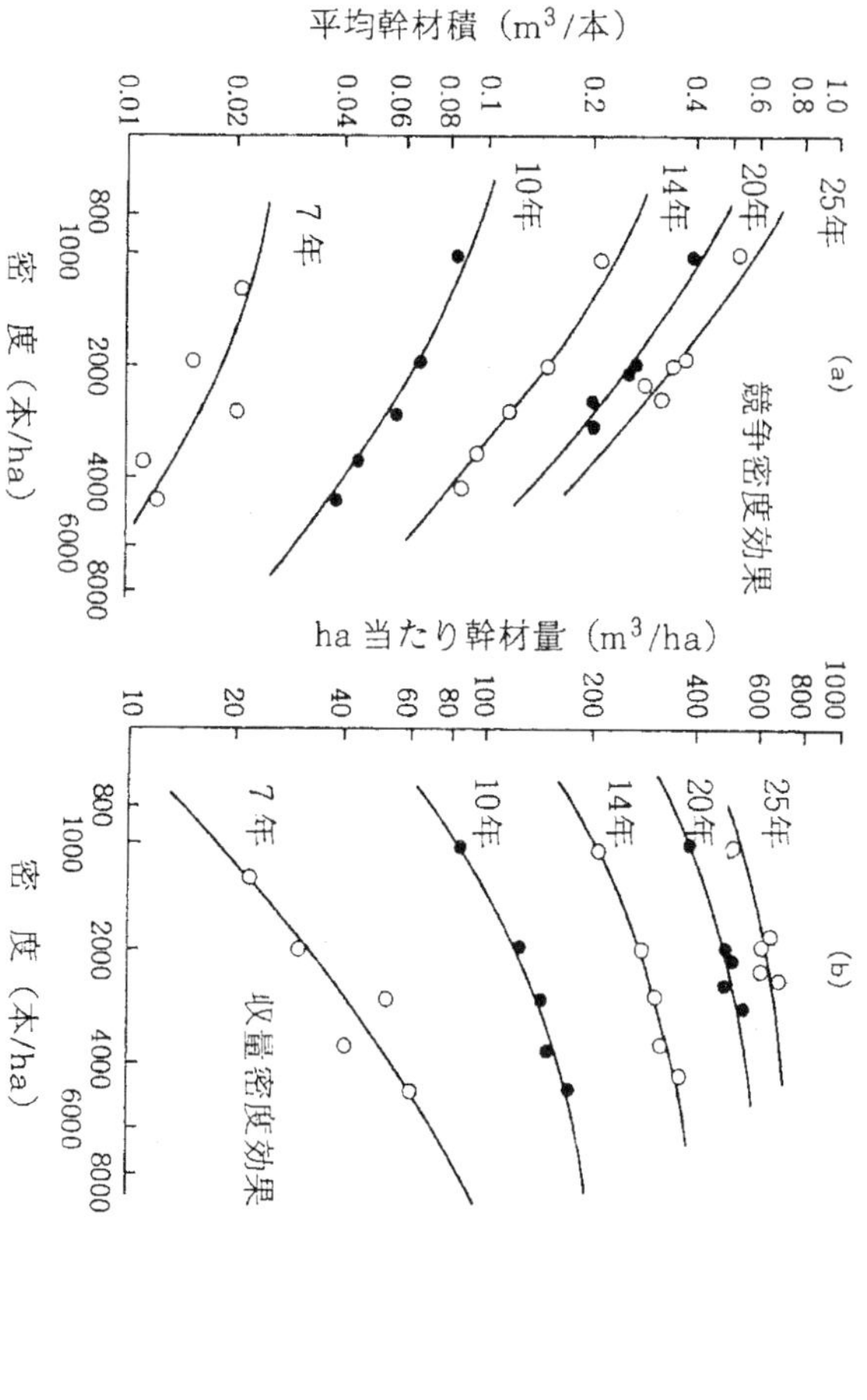

図11　スギの幹材積の密度効果（周ら、1957によるものを安藤、1994から引用）

なるにつれて林分ごとの材積の差は少なくなり、コンスタントな値に近づいていく。

最多密度線と自然間引き線

図12は生育段階ごとのアカマツの最多密度と、自然間引きの起きる経路を示したものである。

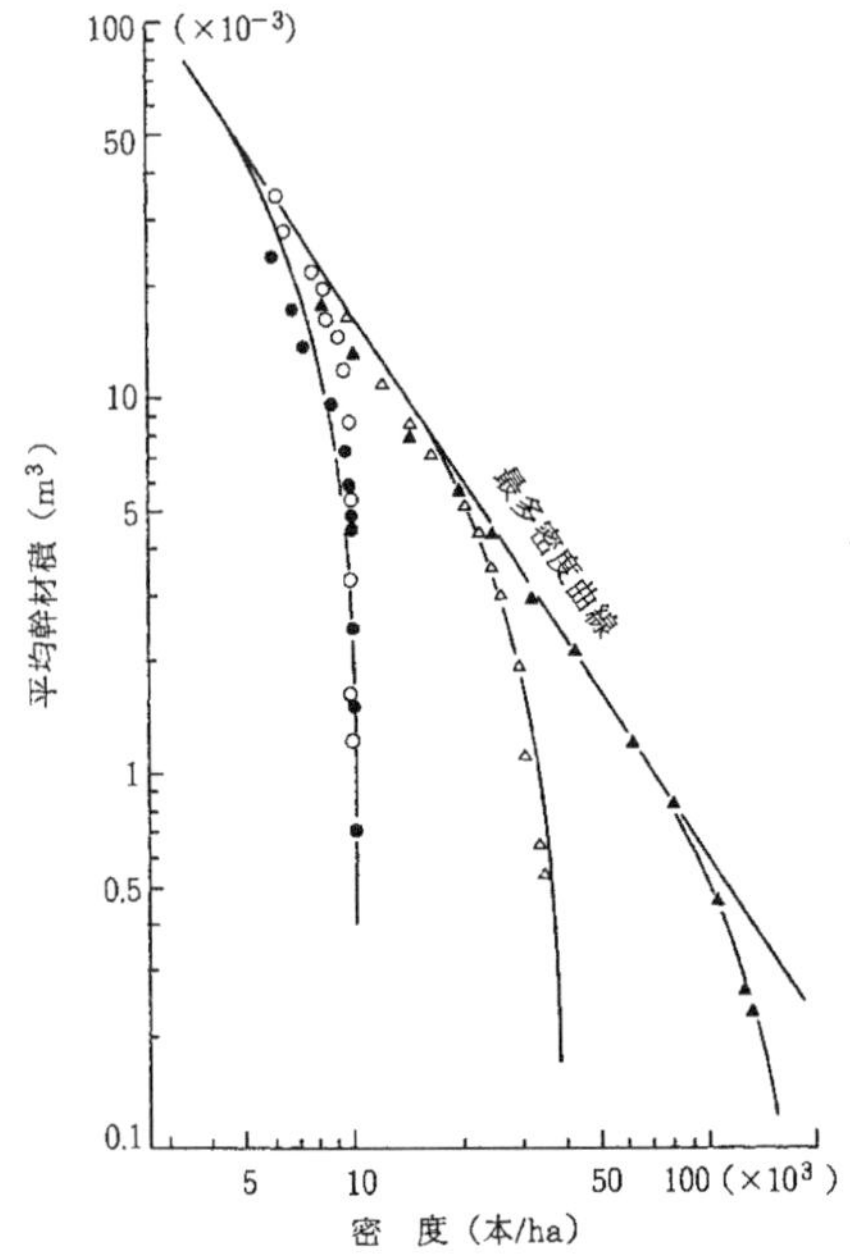

図12　アカマツの自然間引きの経過と最多密度曲線
（安藤、1994）

図12には、それぞれの生育段階（林齢または平均樹高）ごとの収容可能な個体数を結んだ線が示されているが、これを「最多密度曲線」と呼んでいる（図12は両対数軸なので直線になっている）。最多密度曲線は、林齢が増すにしたがって単位面積当たりの収容可能な個体数は減少していくことを示している。

図12の右下から左上に向かってカーブしている曲線は、生育段階ごとに自然間引きが起き始める密度とそのときの平均幹材積の関係を示したものである。この線を「自然間引き線」（自己間引き線）と呼んでいる。樹種ごとにこれらの線の係数や指数はいくらか異なるが、傾向は基本的に同じである。

これらの法則性を応用した一斉単純林の「林分密度管理図」が１９６０年代の末に開発され、密度管理を検討するときに応用されている。

密度管理図については次で説明する。

密度管理とその指標

適切な本数密度の意味

間伐技術は密度管理と選木の組み合わさった技術である。ここでいう密度とは単層林における林分の本数密度である。林分密度の基本は、林分の樹高階ごとの単位面積当たりの本数である。林業経営においては、林分の健全性と生産目標に応じて、それぞれの生育段階で好ましい本数密度を求めることが必要である。

好ましい本数密度とは、林分の生育段階（樹高段階）に応じて林分内の個体が好ましい形状を呈している状態の本数である。個体の好ましい形状は、気象災害に対する安全性の上と生産目標の材を合理的に生産する上から考えて、光合成器官である葉の量と非同化器官である幹の量の比率に求めることは最も合理的である。また気象災害への耐性の要素である林木の重心の位置ということからも、生産対象として重要な樹冠下の幹の生産ということからも、樹冠の位置がどこにあるかということも重要である。以上のことから樹高に対する樹冠長の割合が個体の形状を表す大事な指標ということになる。したがって好ましい本数密度とは、好ましい樹冠長率の林木が生育していける空間を表す本数密度だということになる。

以上に述べたことをまとめると次のようである。それぞれの生育段階（樹高階）ごとに必要な樹冠量（樹冠長）をいかに適正に個々の木に配分するか、そのためにどれだけの生育空間を個々の木に与えるかが重要であり、その指標が本数密度だということである。

それぞれの生育段階（樹高階）において、単位面積当たりに保有可能な葉量には限界があり、それをいかに適正に個々の木に配分させるかということが間伐技術の考え方の根幹であるべきである。そのことによって選木と密度管理の技術を一体的に捉えていくことができるのである。密度は本数密度（ha当たりの本数）で表すとともに、本章の「混み方の各種指標」で説明する相対幹距比や収量比数などを指標にして示すことができる。

適切な密度管理の行われた場合の樹冠長率

図13（56頁）は1960年代において、全国のいくつかの特色ある林業地帯の、それまでに適切に管理されてきたスギ人工林の、林齢と平均樹冠長率の関係を示したものである。樹冠長率が上下に変化しているのは間伐が行われたことによる結果である。吉野は密植（10000本ぐらいの植栽）多間伐の長伐期施業、西川は密植（5000本ぐらい）短伐期施業、飫肥は疎植（1500本ぐらい）中伐期施業を特色とし、国有林は植栽密度が3000本ぐらいでスタートする中伐期で標準的な密度管理のなされているものである。ここでいう伐期の基準は当時いわれていた一般的なもので、短伐期施業は40〜50年まで、中伐期は50〜60年、長伐期はそれ以上というものである。なお、図13における20年生以下の樹冠長率は、国有林以外は密度効果だけでなく枝打ち効果の結果も含まれているとみられる。

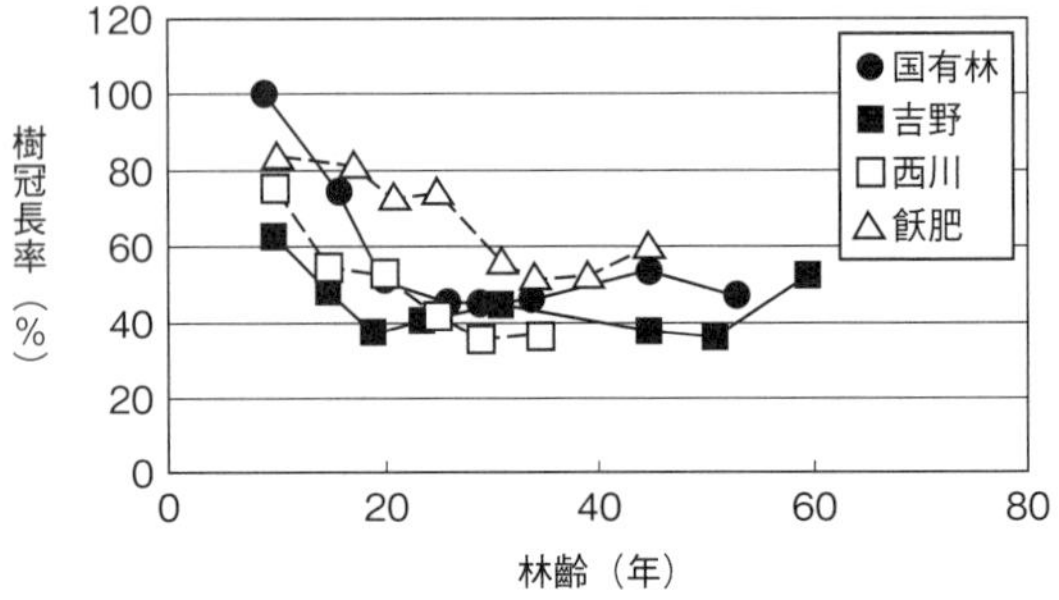

図13　代表的な林業地の林齢と樹冠長率の変化（安藤ら、1968より作図）

西川は40年生までの伐期で、伐期近くで樹冠長率が40%を割っているが、それは完満な（末口と元口の太さの差が少ない）心（芯）持ち柱材２玉をできるだけ多く生産しようという目的からであり、そこには合理性がある。林齢が40年で樹冠長率が40%を割ると気象災害に弱くなるが、良質の柱材を多く生産することとの妥協点が40%弱の樹冠長率ということになっていると見ることができる。ただしこの考えを長伐期施業にまで持っていくのは危険である。同じ樹冠長率ならば樹高が高くなるほど危険性が増すと見ておかなければならない。

それに対して、伐期が１００年生以上の吉野では、60年生で樹冠長率が50%を超えている。吉野は１００年生以上の長伐期であり、この後は恐らく樹冠長率50%から60%が維持されていくであろう。一方、疎植で低密度管理の飫肥では、50年生近くのところで樹冠長率が60%となっている。これは単木成長を重視するとともに、宮崎県南東部という台風常襲地帯における風に対する安全性を考えた施業によるものである。国有林は40～50年生で樹冠長率は50％ぐらいである。このようにそれぞれの特色のある施業体系においても、林齢が50年生以上になれば樹冠長率は50％前後になっていることに注目すべきである。このような構造の森林が長伐期施業へと進めていける条件を有しているといえる。

樹冠長率と本数密度（収量比数）との関係は、後述の「混み方の各種指標」で図16（69頁）を使って説明する。

図13の例は、1960年代までのものであるが、1970年代ぐらいまではこのような適切な管理のなされているところが多かった。しかし1980年代以降は間伐のまともに行われない森林が増え続け、近年は樹冠長率の乏しい森林が当たり前になり、それに目が慣れてしまっていることは由々しき問題である。

林分密度管理図

林分密度管理図の解説

先に林分密度と成長との関係を説明したが、一斉単純林における生育段階（樹高階）ごとの本数密度と林分材積の関係や相対的な混み方などを表す林分密度管理図（図14）というものが作成され、それは研究分野や行政などの分野における密度管理の基準の基本として広く用いられている。この密度管理図は非常に多くの林分調査（胸高直径、樹高、密度）の資料に基づき作成されたものである。

林分密度管理図は、対数座標の横軸に本数密度（ha当たりの本数）、縦軸にha当たりの材積が示され、林分の生育段階（樹高階）に応じた両者の関係や、最多密度に対する相対的な混み方などが分かるようになっている。林分密度管理図は、主要樹種ごとに関東地方や四国地方などというように地域ごとのものが作成されている。図14のものは四国地方のスギの林分密度管理図である。まず図を構成している各種の線について説明する。

等平均樹高線（等樹高線と略称する）

図14の左下にm単位の数字（平均上層樹高）が記され、左下から右上に上がっている線である。この線は上層の樹高階ごとの林分の密度と幹材積の関係を表すものである。

等平均直径線（等直径線と略称する）

図の右上にcm単位の数字（平均胸高直径）で記され、右上から左下に下がっている線である。

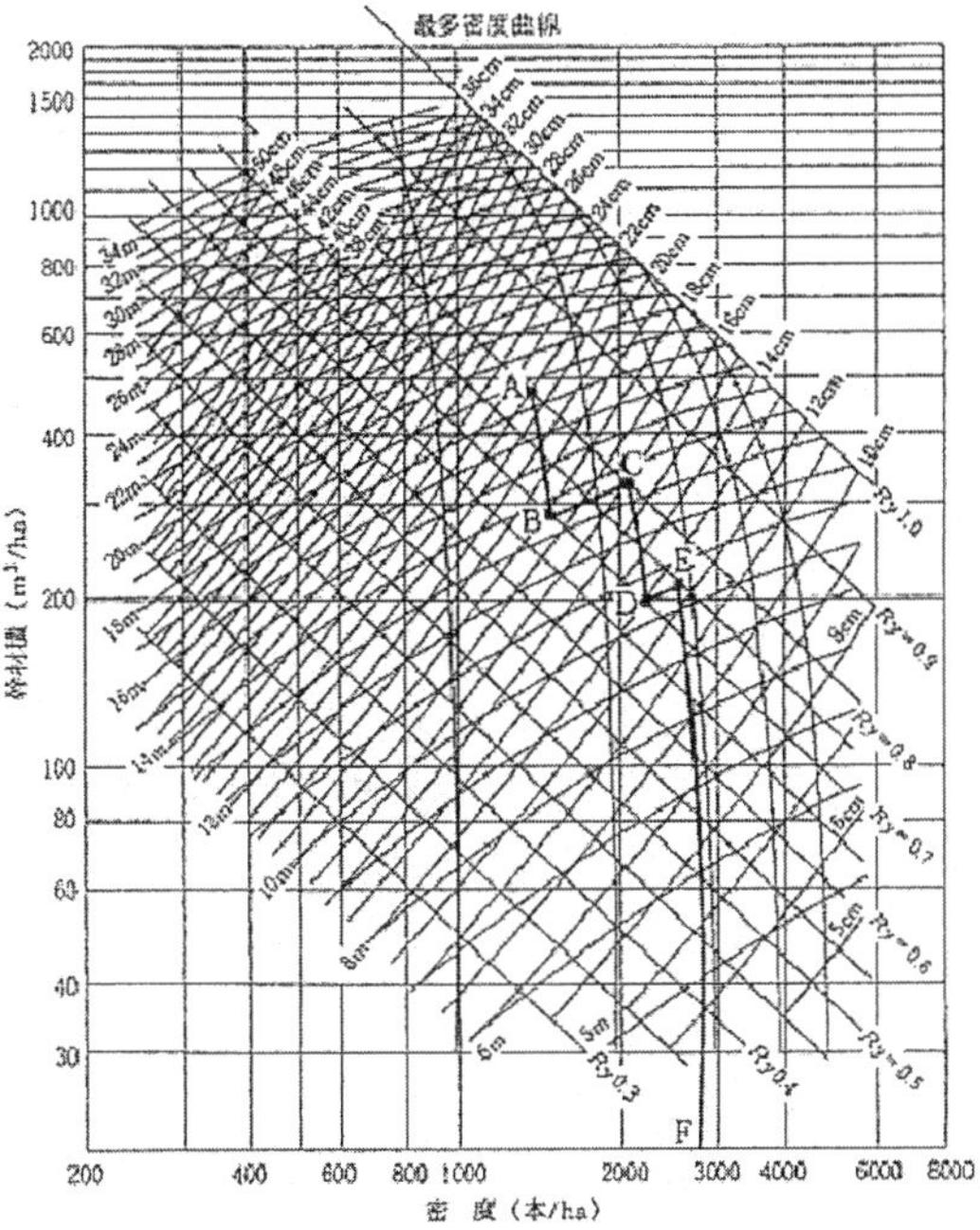

図 14　林分密度管理図とその使用法の一例（安藤、1994）

この図は四国地方国有林の林分密度管理図である

等樹高線との交点がその樹高に対応した胸高直径である。

最多密度曲線

図の左上から右下へ下がっている線の一番右上にある線である。この線はそれぞれの樹高階ごとの、それ以上の本数と材積を収容できない限界を結んだ線である。

自然枯死線（自然間引き線）

図の下からゆるく左上に曲がって最多密度線に収斂《しゅうれん》している線である。密度が高いほど早くから自然間引きが起きていることが分かる。この線は生育段階に応じて自然に成立する密度を結んだ線である。

収量比数曲線

最多密度曲線に平行に引かれた線で、林分の混み方を相対的に示し、間伐の管理基準線として用いられる線である。それぞれの線の右下にRyの数字が示されているが、RyはRelative yield（相対収量）の略で、最大密度（1・0）に対する混み方の比率を表すものである。

林分密度管理図の使用例

一般に収量比数が0・8以上は混みすぎ、0・6以下は空きすぎと見なされている。樹冠長率と収量比数の関係（69頁、図16）を見ると、収量比数が0・8から0・6の間で間伐を進めていくと樹冠長率はたしかに40％近くから60％ぐらいの間が維持されるために、この収量比数の適正範囲の数値には根拠があるといえる。

いま図14（59頁）の林分密度管理図を使って、下層間伐（相対的に小さい個体を中心に伐っていく間伐）の仕方を検討してみよう。図にA～Fで示した線は、植栽密度を3000本／ha（F）とし、Aで主伐するまでの間伐経路を示すものである。まずEの高さの混み方のところでDのところまで伐り捨て間伐をして、その後はRyが0・8（C）に達したらRyが0・7（B）まで間伐し、その後またRyが0・8に達したら主伐をするというものである。Aの時点で主伐をしないでRyが0・8から0・7まで間伐し、以後も同じように間伐を続けていくことを考えてもよい。

Fが3000本弱からスタートしているのは、植栽時に活着不良であったり、下刈り時の誤伐などを見込んだためである。Cでの間伐時は樹高が13・5m、胸高直径が16㎝、密度が2100本／ha、幹材積が320㎥／haである。また間伐後のBでは、密度が1500本／ha、幹材積が285㎥／haであり、600本間伐して35㎥／haの収穫を得たというように読み取ることができる。このときの本数間伐率は28％、材積間伐率は11％と計算できる。この程度の間伐率では弱いのでもう少し強くすることが必要であろう。

林分密度管理図の評価

林分密度管理図は樹冠の要素は含まれていないが、かなりの科学的根拠に基づき作成されたものであり、間伐の数値基準や間伐シリーズの組み立てなどが理路整然と説明されている。密度管理図によって施業計画を立て、それに沿った将来予測を立てることができる。行政や林業経営者が間伐の指針を立てたり、将来の収穫予測を立てたりするときの理論的根拠として密度管理図を利用することは有益である。

しかし、一方では密度管理図を盲目的に過信しないことが大切であり、以下の点に注意をすることが必要である。

●密度管理図において直径などは平均値の世界であり、林分がどういう木で構成されているかという情報は含まれていない。すなわちどのような木がどれぐらいという情報は得られないのである。

●最多密度線は自然間引きの法則性によるものであり、間伐の選木は劣勢木から選んでいく場合にはよく当てはまるが、優勢木を伐っていく場合には当てはまりが悪くなっていく。

●時間（年数）の要因が入っていない。しかしそれは樹高曲線によって置き換えることができる。林野庁が樹種ごと、地域ごとの林分収穫表（64頁、表1）を作成しており、その表を使って林齢と樹高の関係を求めることができる。

●密度管理図は関東地方、四国地方などというかなり広い地域についてのものであり、それぞれの現場での当てはまりは悪いことがある。
●密度管理図は60年生以上の林分への当てはまりはよくない。林分収穫表や密度管理図が作成された時の資料は60年生以下の林分の資料であること、50年生以上の林分の材積成長量は、近年の調査資料に比べると低いことが分かってきていることなどからである。
また、密度管理図を現場で使うには難解なところがあり、それそのものを現場に普及することは難しい。したがってそれぞれの地域で密度管理図の理論を参考にしながら、現場で分かりやすい密度管理の指針となる図表を作成することが好ましい。4章の「望ましい間伐シリーズの一例」で説明する図18（79頁）はその一例である。

林分収穫表と林分密度管理図の関係

林分収穫表

林分収穫表は、1950年代に林野庁と旧・国立林業試験場が調査して、主要樹種別、地域別に、地位を上、中、下に分けて、地位ごとに林齢と主林木の平均樹高、平均胸高直径、標準本数、およびha当たりの幹材積などの関係を示した表である。収穫表によって、主要樹種の地

地位	林齢（年）	主林木				副林木	
		平均樹高（m）	平均胸高直径（cm）	標準本数	幹材積（㎥／ha）	標準本数	幹材積（㎥／ha）
上	10	－	－	－	－	－	－
	15	11.0	12.7	2,039	171.9	－	－
	20	13.6	16.8	1,449	238.1	590	32.8
	25	16.0	20.7	1,106	308.1	343	33.5
	30	18.0	24.1	898	376.9	208	31.6
	35	19.9	27.6	744	441.3	154	29.7
	40	21.6	30.9	641	501.2	103	27.6
	50	24.5	37.4	490	608.1	67	22.5
	60	26.8	43.1	400	699.3	39	17.8
中	10	－	－	－	－	－	－
	15	9.2	11.1	2,353	130.3	－	－
	20	11.3	14.4	1,728	180.2	625	19.1
	25	13.3	17.6	1,335	233.3	393	22.9
	30	15.0	20.7	1,084	288.3	251	21.5
	35	16.0	23.5	904	341.9	180	18.4
	40	18.0	26.3	782	391.9	122	16.7
	50	20.4	31.4	620	480.6	73	14.5
	60	22.3	35.9	513	555.3	45	13.2
下	10	－	－	－	－	－	－
	15	7.4	9.7	2,632	93.1	－	－
	20	9.0	12.3	2,019	128.2	613	8.6
	25	10.6	15.0	1,592	165.2	427	12.5
	30	12.0	17.4	1,310	204.1	282	14.7
	35	13.3	19.8	1,101	244.2	209	13.3
	40	14.4	22.2	960	282.3	141	11.9
	50	16.3	26.4	768	349.4	85	11.0
	60	17.8	30.3	633	404.8	60	10.7

表1　土佐地方スギ林分収穫表（林野庁、1952）

位ごとの林齢と樹高や材積収穫量などが推定できる。林分収穫表の一例として土佐地方のスギ林の林分収穫表を表1に示す。

地位というのは、その土地の持っている生産力の大きさを表す概念で、林地ではその生産力を樹種ごとの林齢に対する樹高を指標にして表し、それを地位指数と呼んでいる。地位指数は樹種ごとの40年生の樹高で表すのを普通としている。

スギの地位指数（40年生の樹高）をみると、気象条件によって異なるが、一般的には20m以上だと地位は上とみなせる。15m以下だと地位は下で、スギの対象地として外すか、あるいは林業の対象地として外すかなどの判断を必要とする。ヒノキの場合は16

m以上だと地位は上で、10m以下だと地位は下とみなせる。地位が下だと林業の対象地として外すことが賢明である。

今後はそれぞれの地域ごとに資料を集積して収穫表に類似したものを作成していくことが大切である。そのことによって、それぞれの地域ごとの樹種別、地位別の施業体系に応じた蓄積量と毎年の成長量が把握でき、それに基づいて適正な収穫伐採量が計算できる。

林分収穫表の林分密度管理図への応用

林分収穫表には林分密度の要素が入っていない。一方、林分密度管理図には時間の要素が入っていない。そのために林分収穫表と林分密度管理図を結びつけると、お互いの不足を補いあえる。お互いを結びつける要素は樹高成長である。極端に過密でない限り樹高成長は密度の影響を受けないからである。したがって密度管理図の樹高曲線に、林分収穫表の地位ごとの樹高を当てはめると、地位ごとの林齢と密度に応じた材積が推定できることになる。

林分収穫表や林分密度管理図は、個々の林分では誤差が大きくて当てはめることは困難であるが、ある地域の材積量や収穫量を概略推定する時には有効な手段として使える。ただし、林分収穫表も林分密度管理図も林齢が60年までの資料に基づくものなので、今後長伐期施業を展開するためには、100年生ぐらいまでの収穫予測に使えるものを作っていく必要がある。林分収穫表も林分密度管理図も皆伐の一斉更新施業に使えるものであり、択伐林（複層林）施業に対応できるものの作成は将来の課題である。そのためには樹冠構造と幹の成長、およびそれと密度（生育空間および光環境）を要素としたシミュレーションモデルの助けが必要である。それについては本章の「将来の研究に期待されるもの」で触れる。

なお林分収穫表は、林野庁と旧・国立林業試験場が地方ごとに作成したものと、各県が作成したものがあり、一部の県では１００年生くらいまでの長伐期施業に対応した収穫表を作成している。

また、最近は、パソコンに林分状況や間伐計画（間伐年、間伐率等）を入力して、将来の収穫予測をするソフトウエアが開発されている（例えば、独立行政法人・森林総合研究所のLYCS：入手先は http://www2.ffpri.affrc.go.jp/labs/LYCS/index.html）。これらは便利なもので計画を立てるときに役立つが、決して個々の林分の将来の成長を保証するものではないので、実際の林分の成長とどのくらい異なるのかを絶えずチェックして使うことが必要である。

混み方の各種指標

本数密度の指標である収量比数と樹冠長率のほかに、混み方の指標として従来から様々なものがあり、その代表的なものは以下の通りである。

相対幹距比

相対幹距比（Sr）は、上層木の平均樹高に対して平均樹幹距離の割合がどのくらいかを表すもので、次式で表される。

$$Sr(\%) = 100^2/H\sqrt{N}$$

ここで、Nはha当たりの本数、Hは平均樹高である。この式は以下の意味を持つ。1haの面積にN本の立木があるときに、1本当たりの平均占有面積は$100^2/N$である。この面積を正方形の面積と見なすと、その1辺の長さは$100/\sqrt{N}$となる。これを隣接木との平均距離と考え、平均樹高との比を百分率で表したものである。

相対幹距比が小さくなると密、大きくなると疎ということになる。これまでに密度管理は好ましい樹冠長率を維持するために必要なものであることを述べたが、相対幹距比は樹高（階）に応じた適切な樹冠長を維持するために必要な空間の指標として簡便で意味のあるものである。相対幹距比が17から22ぐらいが適切な密度といわれている。すなわち上層木の平均樹高の20％ぐらいの間隔で幹が立っているのが適切な密度の目安ということになる。つまり、上層木の平均樹高15ｍでは幹の平均間隔は３ｍ、平均樹高20ｍでは４ｍぐらいが適切ということになる。

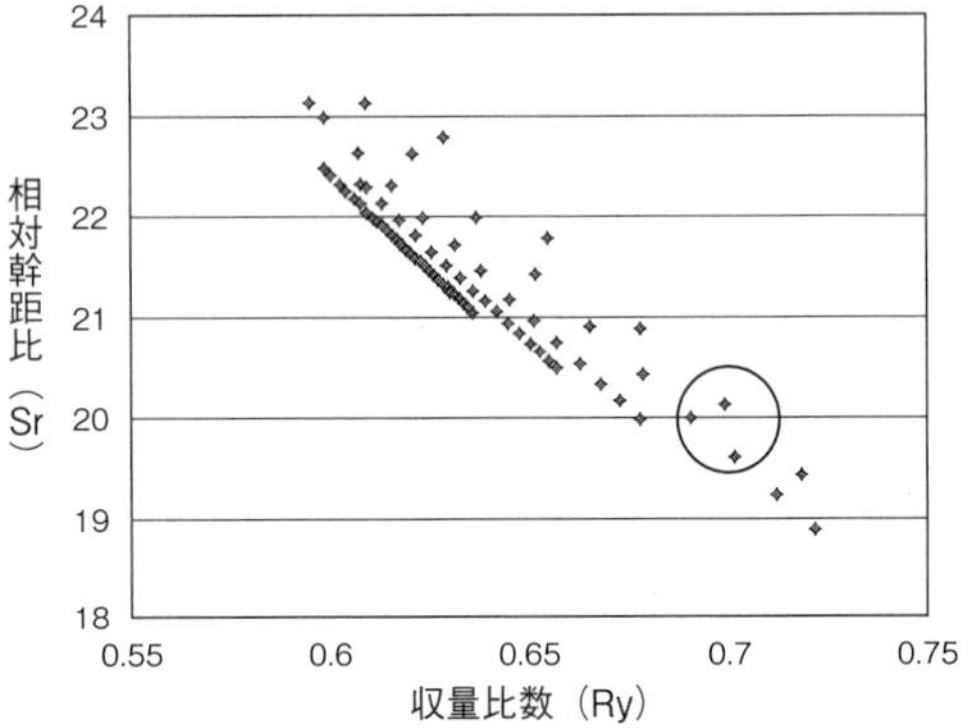

ヒノキ人工林で収量比数 0.6-0.7 で管理した林分の収量比数（Ry）と相対幹距比（Sr）の関係（林分密度管理図「中部地方ヒノキ人工林」を用いて計算）

図 15　相対幹距比と収量比数の関係（全国提案型施業定着化促進部会、2010）

相対幹距比 20％は収量比数 0.7 におおよそ相当する（図の丸）

相対幹距比20は収量比数0・7ぐらいに相当し（図15）、樹冠長率は40％から50％の付近に相当するものと推察される（図16）ので、樹冠長率が50％を維持するためには相対幹距比がもう少し上の21か22ぐらいが適切かもしれない。今後樹冠長率と相対幹距比の関係を詳しく調べ、その辺を明らかにすることが必要である。

相対幹距比は上層木の平均樹高と樹幹同士の平均距離から目視的に簡単に把握できることにおいて優れている。また相対幹距比は、間伐前の数値と、間伐後の望ましい数値の変化がその場で簡単に分かる便利さにおいても優れ

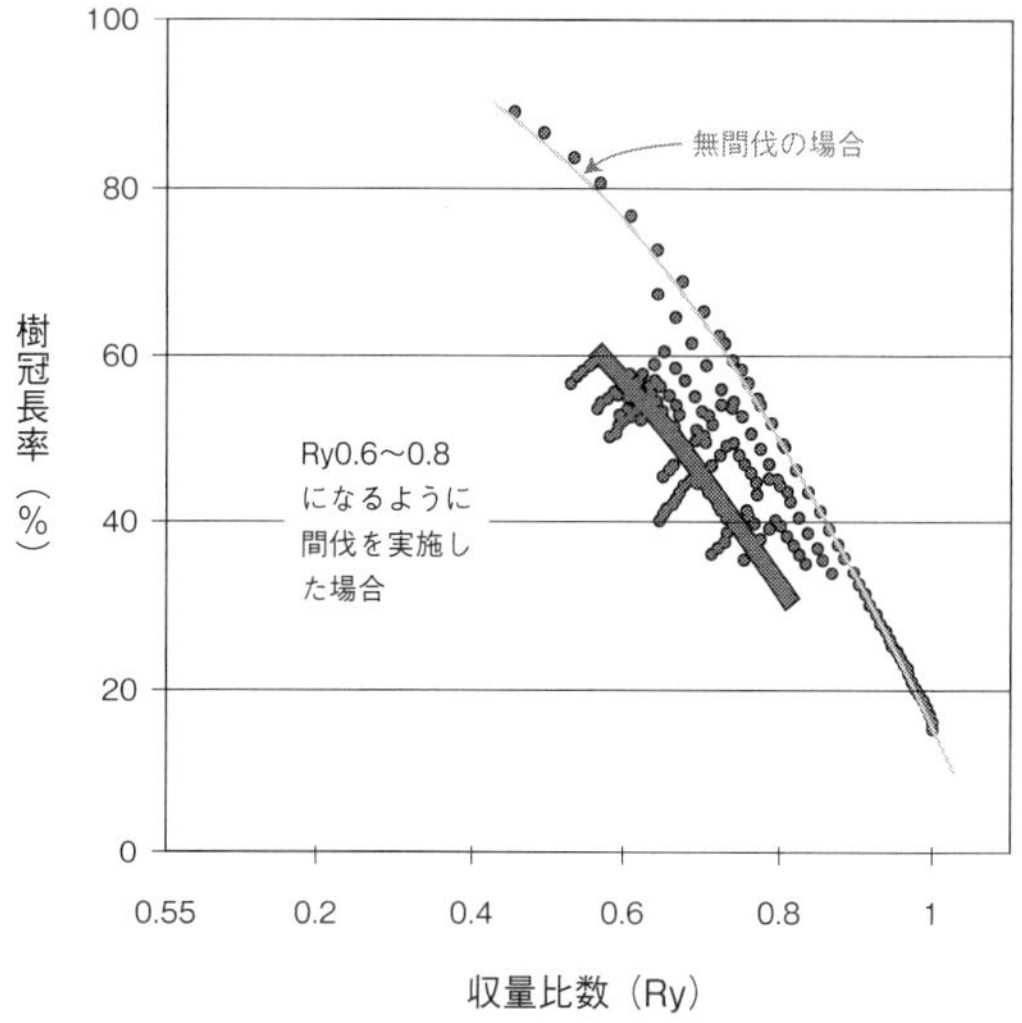

図16　スギ人工林の樹冠長率と収量比数との関係（全国提案型施業定着化促進部会、2010）

北関東スギ人工林密度管理図を用い、植栽本数3,000本/ha、収量比数（Ry）が0.6〜0.8になるような間伐を想定して樹冠長率をシミュレートしたもの。樹冠長率はおよそ40〜60%の間にある。なお、樹冠長率は金沢ら（1985）の枝下高モデルから推定した

ている。

形状比

形状比は樹高（m）を胸高直径（cm）で割った値で示したものである。幹がずんぐりしているとか細長いとかの度合いを示すもので、密度が高いと形状比は高く、密度が低いと形状比は低くなる。形状比が80以上だと混みすぎで、気象災害への安全性に対しては70以下であることが好ましい

といわれている。形状比は樹冠長率によって支配されるものである。したがって樹冠長率と形状比との関係についても詳しく調べることが必要である。

各種指標の関係

樹冠長率、単位面積当たり本数、収量比数、形状比、相対幹距比はいずれも関係し合ったものである。そして望ましい（あるいは望ましくない）単位面積当たりの本数、収量比数、相対幹距比などは、望ましい樹冠長率に導いたり維持させたりするのに必要な生育空間の指標となるものである。単位面積当たりの本数、収量比数、相対幹距比などの生育空間の指標は間伐の実施によってその前後の違いがすぐに出るが、樹冠長率と形状比は、生育空間が変化した後に時間をかけて動くものである。したがってどれだけの空間を与えると何年ぐらいで樹冠がどのように動くかを知ること（予測すること）が大事である。それを読み取れる力を養うことが重要で、そのことの拠りどころとなる研究成果が期待される。

要間伐林分の判断基準

植栽または前回の間伐からある程度の時間が経つと、間伐が必要か否かの判断が必要になり、その判断の基準が必要である。これまでに繰り返し述べてきたように樹冠の状態を見ることが本質的に重要であり、それぞれの生育段階に応じた樹冠の状態は目視的に最も分かりやすい。樹冠長率は要間伐林分の指標として第一に扱われるべきものである。樹冠長率は形状比とも密接に連動しており、その点からも要間伐林分の指標として重要である。

樹冠長率が30％ぐらいまで下がっている林分は至急間伐をしなければならないし、樹冠長率が50％前後の林分はまだしばらくは間伐の必要がないというような判断ができる。形質良好な材であり、それをできるだけ早く生産し、かつ気象災害に対して安全性が高い林分を維持していくためには樹冠長率が40％から60％の間を維持できるように管理していくことが望ましい。

しかし樹冠長率は要間伐林分の判断基準として優れているが、間伐してもすぐに樹冠長率は変化するわけではないので（樹冠長率の小さい劣勢木を中心に間伐をすればその分平均樹冠長率はわずかに高まるが）、どの程度間伐すればよいのかという基準は分からない。同じことは形状比にもいえる。

それに対して、ha当たり本数、収量比数、相対幹距比などは、間伐前後の変化が分かる。ha当たりの本数や収量比数はサンプル調査に少し手間がかかるが、相対幹距比は目測でおよその値は判断できる。したがって樹冠長率と相対幹距比の関係を把握しておけば、樹冠長率を指標に目測で要間伐林分を判断し、相対幹距比でどのぐらいの強度の間伐をしたらよいかのおよその目安が立つ。ただし樹高と樹冠長を目測で推定できる力は普段から養っておく必要がある。その力が未熟な場合は、数本の木を対象に測高器を使って目を慣らしてから作業をすることが望ましい。ha当たりの本数や、収量比数は少し測定と計算を要するが、それらを使うことも有効である。

本章「混み方の各種指標」で述べたように、樹冠長率と相対幹距比や収量比数などのおよその関係は分かっているので、その関係を生かして判断していくことが大切である。またその関係を今後一層詳しく調べていくことが大切であることは既に述べたとおりである。

さらに今後の大事な課題は、どのくらいの大きさの生育空間を与えたら樹冠長率はどのような速度で高まっていくかを予測できる技術を得ることである。それは樹冠の広がりと関係することであり、林内の光環境の予測にも連なる。したがって生育空間と樹冠の発達の関係（それは樹冠長率を指標にすることができる）の研究が必要であり、樹冠を因子に入れた密度管理の理論が必要である。そのような研究の状況を次で紹介する。

将来の研究に期待されるもの

従来の密度管理に関する理論は、樹高と胸高直径だけで理論構成をしてきたものである。それは生物的現象というよりも物理的現象の取り扱いであり、生物体である森林の密度管理の本質にまでは及んでおらず、理論のさらなる展開には限界がある。成長経過の予測や密度管理と選木とを合わせた理論を展開していくには、光合成器官である葉の状態（樹冠構造）をベースにしていくことが必要である。本書ではそのような観点から、極力樹冠構造（樹冠長率）を重視する立場を採ってきた。しかしその裏づけは不十分である。今後は樹冠と幹の成長、生育空間と樹冠幅（樹冠長率を指標）の関係を組み込んだ成長モデルとその応用である密度管理のモデルが必要である。そのような研究が独立行政法人・森林総合研究所の千葉幸弘研究室長

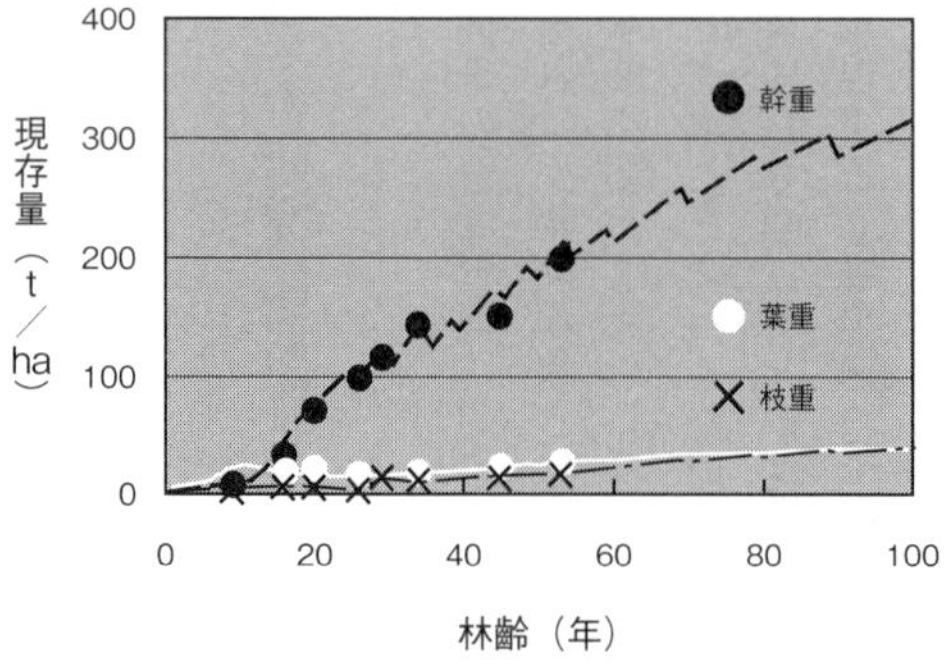

図17　葉、幹、枝のバイオマス成長経過の実測値とシミュレーションの関係（千葉、2006）

国有林で実施されている典型的な間伐パターンを適用した。3本の線は推定結果で、間伐ごとに断続的に成長していることがわかる。長伐期化を視野に、どのような間伐を実施するのが適当か、判断することが可能になる

によって進められているので、それを簡単に紹介したい。

従来の林分収穫表や密度管理図は一斉単純林の60年生ぐらいまでの密度管理と成長予測には役立つが、林型が変化したり林齢がさらに大きくなった場合には対応が困難である。

それに対して樹冠構造と幹の成長との関係をベースに置いた成長モデルを使えば、一斉林における間伐効果から、複層林における択伐効果まで応用力を高めることができる。

間伐は森林が成長する過程で不連続なインパクトを与えるものであるが、連続関数を用いた従来のモデルは、こ

うした不連続な現象を取り扱うのにはいくらか難点がある。樹冠は林分構造が変化したときのセンサーのような働きをし、生育空間が広がれば樹冠幅は広がり（樹冠長は長くなり）、生育空間が狭まれば樹冠幅の広がりは抑制される。生育空間の変化と樹冠長の変化にはタイムラグがある。そういうことも含めて生育空間の変化と樹冠の動態との関係を解析してモデルに組み込む研究が進められている。そのモデルは、葉、枝、幹の相互関係に基づいた生物的意味を持ち、生育空間（林分密度）が変化したときの樹形や林分構造を柔軟に反映させたシミュレーションを可能にする。

したがって間伐の強度やインターバルと成長の関係は予測しやすくなるし、林冠閉鎖しなくなった林分の成長予測も可能になる。間伐に必要な情報として、間伐後の林冠が再閉鎖するまでの所要年数が必要であるが、これもそのシミュレーションから推定できる。さらに光環境のシミュレーションと組み合わせることによって複層林施業の理論構成も強化される。

右記に説明したシミュレーションにより得られた成長経過の適応性を示したものが図17である。実測値とシミュレーションにより得られた値はよく適応している。このような研究の成果が、現場に分かりやすい形で早く提供されることを期待したい。

第4章

間伐の進め方

望ましい間伐シリーズの一例

モデルの作成

間伐は、一回ごとの間伐が独立的にあるものではなく、森林の生育段階に応じたシリーズとして計画的になされるべきものである。目標林型に至るまでのそれぞれの生育段階で健全な林型を維持し、かつそれぞれの生育段階で有利な収穫が得られるように、一連の間伐が進められるべきである。したがって間伐から間伐までの間の本数密度や樹冠長率などの林型が、それぞれの生育段階の目標林型ということになる。言葉を変えれば、最終の目標林型とともに各生育段階の目標林型を達成していくために間伐シリーズがあるということになる。

一斉林においては、15年生ぐらいまでは下刈り、つる切り、枝打ちなどの初期保育の段階であるが、それ以降は「施業体系＝間伐の施業体系」ということになる。間伐の施業体系とは、間伐の頻度と強度の関係と選木の方法である。

長伐期多間伐施業における望ましい間伐シリーズの一例を示してみよう。図18は、ある地域

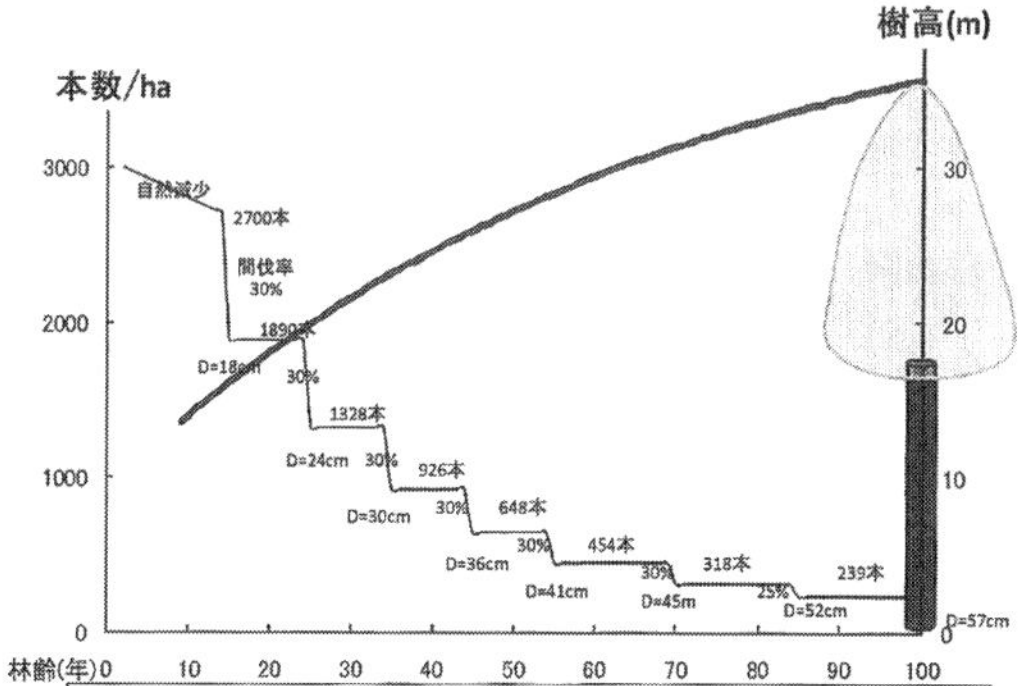

林齢(年)	15	25	35	45	55	70	85	100
立木材積(m³)	392	582	691	716	679	668	642	772
間伐材積(m³)		199	252	273	264	268	200（間伐計1456）	

図 18　長伐期林の施業体系モデル（全国提案型施業定着化促進部会、2010）

愛媛県スギ林分収穫表（2005 年調整）の地位 1 等級の計算式と四国地方林分密度管理図より再調整したもの。収量比数と樹冠長率の関係も考慮されている

の長伐期施業における間伐体系のモデルである。このモデルは愛媛県のスギ林分収穫表における、地位1等級の林分の値と、四国地方の林分密度管理図を参考にして作成したものである。この図は、良質の大径材を早く生産できるように、かつ気象災害に対する耐性が高いことを目指して、樹冠長率が50%前後の状態を維持できる途中段階と最終段階の目標林型を頭において作成されたものである。そのために収量比数と樹冠長率との関係（3章の中の「密度管理とその指標」の69頁、図16）も作図の参考にしている。このような図をよりしっかりとしたものにするために

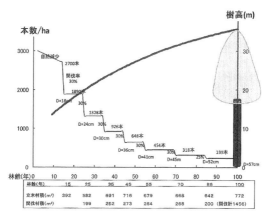

は3章で述べたように樹冠の因子をもっとよく組み込んでいくことが必要であるが、その時々の既存の情報を生かしながら図18（79頁）のように現場で分かりやすいモデルの図を作成することが大切である。

モデルの見方

図18の階段状の線は間伐により本数が減少していく過程を示したものであり、垂直の線は間伐によって本数が減ったことを示し、垂直の線の下にある数値はそれぞれの間伐時における平均胸高直径を示すものである。水平の線の上にある数字は、間伐から間伐までの間の本数である。途中段階の目標林型よりも樹冠長率が低くなりそうになったら（そのような混み方になってきたら）間伐をするということを繰り返していく間伐のシリーズである。

図18に示した間伐率は本数間伐率である。林分の径級分布の頻度に比例した選木をすれば、本数間伐率と材積間伐率は同じになるが、劣勢木の方が間伐の対象となることが多いので、本数間伐率は材積間伐率よりも多くなる傾向がある。図18では、「選木の仕方」で述べたように、優勢木でも残す木の成長を妨げる木や、その時点で有利に売れる木の方を選ぶこともあることを頭に入れているので、本数間伐率の方が高めであるとしても、本数間伐率と材積間伐率との間にそれほど大きな違いはない。

このモデルでは、3000本植栽して15年目ぐらいに第1回の間伐を行う。15年目ぐらいに最初の間伐をするのは、この頃になると閉鎖の度合いが高まり、単木成長が落ち始めること、林内が暗くなりすぎること、将来性のある木とそうでない木がはっきりしてくることなどによるものである。また10章の「生産林の健全性」の「気象災害に対して」で述べるが、20年生代に入ると急に樹冠長率の減少が顕著に現れ、目立って風害と冠雪害を受けやすくなるので、林分構造がそのようになる前の15年生頃から適切な間伐をしておくことにも大事な意味がある。

1回目の間伐は保育の色彩が強く、伐り捨て間伐の場合が多い。15年目までに2700本に減っているのは、3000本植えても活着不良や何かの被害などで、この程度の自然減少はあるものとみなしたものである。最初の間伐から50年生代の間伐までは10年間隔で、1回の間伐の本数間伐率は30%ぐらいとなっている。60年生代の間伐以降は15年間隔で、間伐率は30%から25%へと減っていく。

初期の間伐ほど頻度と強度は大きく、後期の間伐ほど頻度と強度は小さくしていくというのが原則である。若い段階ほど再閉鎖の速度が速いこと、同じ量を収穫するならば後になるほど本数は少なくてすむようになるからなどの理由である。図18はこのような原則を踏まえ作成したものであるが、あまり煩雑にならないように前半は30%で10年間隔の間伐で通している。実際にはもう少し短い間隔にして、強度はやや弱めという間伐が理想的である。この図からみれば、地位のよいところのスギの50年生代（樹高が25ｍ余り）では４５０～６５０本のあいだぐらい、90年生代（樹高が35ｍ余り）では２００～２５０本ぐらいが適切と見られ、普通一般に見られるものよりも少なめである。望ましい密度管理は、一般に見られるものより少なめであるということに注目していただきたい。

地域ごとのモデルが大事

それぞれの地域で、樹種と地位ごとに図18（79頁）のような間伐の施業体系の図を作成し、それに沿って間伐を進めていくことが大切である。このような図に沿って間伐を実践しながら、実際の資料を積み重ねていって、モデルを修正しながらより実態に合った完成度の高いモデルの作成に力を入れていくことが大切である。それによって目標林型はより明白となり、それは経営の拠り所として不可欠なものとなる。

なお、図18のような１００年伐期の施業体系モデルでは、間伐による収穫材積が主伐による収穫材積の2倍近くにのぼることに注目すべきである。長伐期施業というのは間伐主体に収益を上げていく施業である。図18のような長伐期多間伐施業を進めていけば、その延長上に択伐林施業への道が開けてくる。択伐林施業については8章の中の「非皆伐施業（複層林施業、択伐林施業)」で触れる。

間伐の遅れた林分の扱い

正常な林分に戻すために

過密になって樹冠長率が30%にも満たなくなると気象災害に対して弱く、そのような森林は積極的な間伐をしないとやがて気象災害を被り壊滅的になる。過密な林分は間伐によって一時的に気象災害をより受けやすくなるが、さらに脆弱《ぜいじゃく》な森林になるのを防ぐために、ある程度積極的な間伐を注意深く実行しなければならない。そのときには、優勢木が適正配置されるように、劣勢木中心の間伐を進めることが大切である。その場合、本数間伐率にして40%から50%近くぐらいの間伐を行い、さらに6~8年ぐらい後に40%ぐらいの間伐を行うのが適切と思われる。この2回の間伐によって正常な施業(間伐)体系に近づけていくことができるだろう。

しかし、樹冠長率が20%近くまで低下した森林は、間伐しても個々の木の成長の回復は非常に遅く、健全な姿に戻らないうちに気象害に会ってしまう可能性が高い。そのような森林は皆伐更新するか、一部の比較的しっかりした木を残して更新しなければならない。一部のしっかりした木を残して間伐するといっても、それは間伐という概念を越すぐらいの強度な間伐である。すなわち劣勢木中心の本数間伐率にして50％ぐらいの間伐を、5～6年の間隔を置いて2回行うような間伐である。この強度な間伐によって当然、その後の気象害に会う確率は高まるが、それは覚悟の上でということになる。ただしヒノキの場合にそのような強度の間伐を行うと、急激な土壌環境の変化で残存木が枯死することが多いので、それは避けなければならない。

更新や林種の変更を考える

更新のために強度の間伐を行う場合で、木材生産を続ける場合は、目的樹種を植栽するか、有用広葉樹の侵入を期待する。有用広葉樹の侵入を期待する場合は、２００ｍ以内ぐらいに母樹のある森林がある場合で、そうでなければ難しい。

有用広葉樹がなくても、環境保全のためにともかく広葉樹が侵入してくることを期待するならば、針葉樹をまばらに残して地掻きをしてやれば埋土種子の発芽が期待できる。また、まばらに残した針葉樹が鳥の止まり木となり、それによって鳥散布の種子からの芽生えが期待できる。埋土種子から芽生えた樹種はほとんどが先駆性の樹種であるが、遷移に任せて天然林化を期待するという考えでもよいだろう。混交林化については8章の中の「混交林施業」で検討する。

第5章

間伐の作業技術

目標林型と選木の仕方

定性間伐はこれまでにも述べてきたように、密度管理と選木が一体になったものである。本来は密度が先にあるのではなく、選木の結果によって適切な密度が導かれるものである。選木は与えられる生育空間と樹冠の発達を考えながら行われるものであり、その結果間伐後の適切な本数密度が決まるのだというプロセスを忘れてはならない。選木は最終的な目標林型を描くとともに、次回の間伐時の段階的目標林型を描きながら行うことが大切である。選木は森林という木材の生産工場の機能の高さを決定する経営上極めて重要な作業である。

選木の考え方と手順

ここでは若齢の針葉樹人工林を例にとって考える。その間伐の手順は次の通りである。

①まずその林分の主伐時の目標林型を考える。

その目標林型の大事な要素は、主林木（将来木）の目標直径である。将来木の目標直径が50㎝なら、主伐期に50㎝の木が適正に配置されるための間隔はどれぐらいで、そのために単位面積（1ha）当たり何本の将来木を残せばよいかを計算する。これまでの経験則と、主伐時の将来木に必要な樹冠長率（50～60％）を元に計算すると、スギでは、目標直径が40㎝で550本、50㎝で350本、60㎝で250本ぐらいが目安となる。ヒノキでは、目標直径が30㎝で600本、40㎝で350本、50㎝で200本ぐらいが目安となる。

②次に伐る木を決める。伐る木とは、

・将来木の成長にマイナスを与える木
・残しておいても将来的に利用価値が低いとみられる木
・将来木以外で、その時点で有利に売れる木

右記の「将来木」とは、形質がよく、成長も良い将来性の高い木である。

右記の「残しておいても将来的に利用価値が低いとみられる木」とは、曲がり木、二股木、傷のある木、成長を期待できない木などである（図19）。

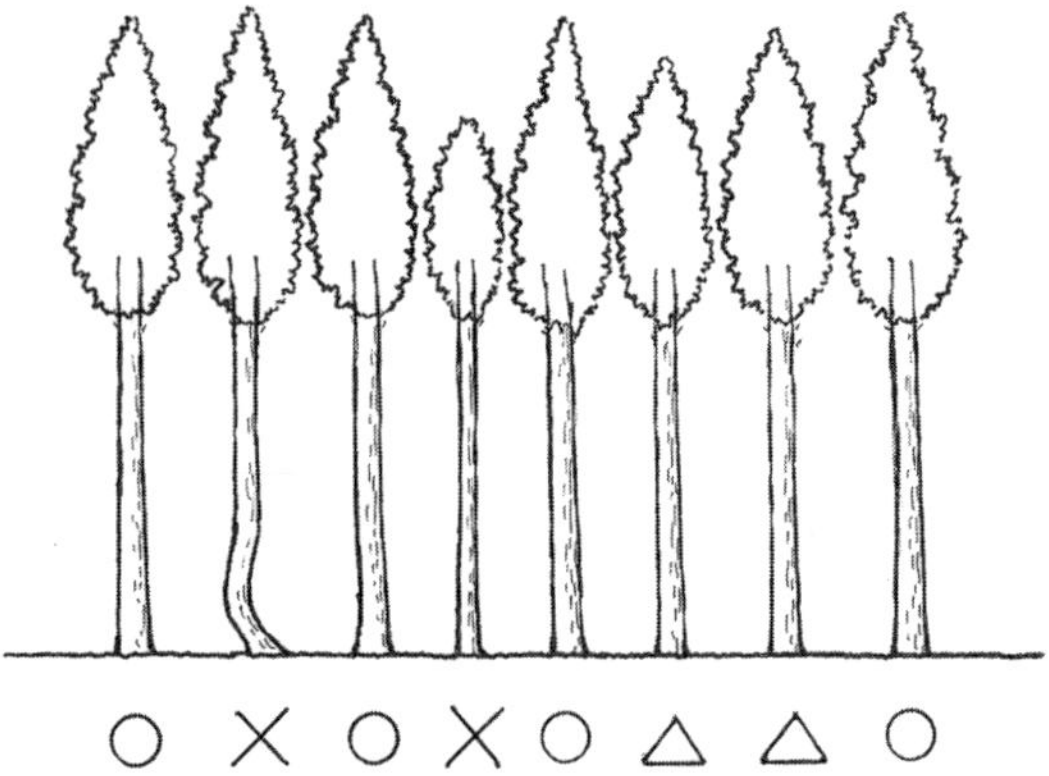

◯　残す木（将来の主伐木や間伐木として価値を見込める木）

×　伐る木（残す木にマイナスを与える木、将来的に期待できない木）

△　その場でどちらを伐るかを判断する木（今回と次回の間伐でどちらを先に伐るのが有利か）

図 19　選木の判断要素の一例

将来木を選べば、まず将来木に隣接し、将来木の成長を阻害する優勢木を選んで、それらを優先的に伐る。しかしその様な優勢木が3本以上将来木に接している場合は、伐るのは2本までとし、残りの優勢木は次回以降の間伐に委ねていく。一度に疎開しすぎるのを避けるためである。将来木の生育を阻害する優勢木の中には将来木の形質に劣らないものもあるが、それはその時点での間伐収入に有利な木として経営上の評価をする。

　次に林分全体の中で、残しておいても将来性のない木を伐る木として選ぶ。

　それでも林分の中でまだ混みすぎた部分が残っていれば、その中で現時点で収入上有利とみられる木を選んで伐る。ここで収入上有利とみられる木とは、例えば、現時点で利用に有利なサイズに達している木と、次回の間伐まで待てば有利なサイズに育つと思われる木が並んで立っている場合の、大きい方の木のことである。

　今は将来木に隣接していない木でも、やがて将来木に隣接してくる木が生じれば、その木も将来は間伐木として伐られていくことになる。

　このような将来木施業を進めていくと、将来は皆伐による主伐ではなく、択伐林施業（複層林施業）に発展させていくことも可能である。


　間伐はシリーズとして重ねられていくものである。間伐は最終の目標林型を描きつつ、それぞれの間伐時に、次回の間伐時での途中段階での目標林型を描いて選木をしていくべきものである。このように間伐の選木は林業経営上、非常に重要で奥の深いものである。

　なお、ある生育段階で将来木を定めて間伐を進めていく施業を将来木施業というが、将来木施業については「現代林業」２０１１年4月号と9月号を読んでいただきたい。そこでは、より詳しい将来木施業法が述べられていて参考になる。

選木と伐倒は同一人物が行うことが好ましい

選木に習熟してくれば、前記のような手順の内容を同時に判断して選木を進めていくことができる。そして選木と伐倒は同一人物が行うことが好ましい。多くの事業体では、オフィスの技術者または作業主任が選木してテープを巻き、作業員が伐倒しているが、これでは作業能率に非常な無駄がある。経験の浅い技術者が選木を学ぶ段階では、指導者または本人が全体を見ながら残す木にテープを巻くことは必要であるが、ある程度経験を増せば伐倒技術者が選木しながら作業を進めていくことは可能であり、またそれが必要である。

次で触れるように、伐倒作業は高度な判断力を必要とするものである。そのような作業を行う技術者に選木は任せられないと決めてかかることはおかしい。日本の多くのところでは、選木は森林所有者や経営者が行うもので、伐倒作業は肉体労働者が行うものと思われ続けているようである。伐倒作業も選木もともに頭を使うものであり、伐倒者に選木は任せられないと考えるのは誤りであろう。むしろ伐倒技術者に選木技術を学んでもらって、彼らに任せた方が合理的な間伐ができて効率的である。もちろんそれには優れた経営者が経営の方針と、目標林型を作業技術者にしっかりと伝えて、経営やコストに対するお互いの共通認識を持つことが前提である。

伐倒の仕方

伐倒方向の定め方

チェーンソーによる伐倒において、伐倒作業の安全性からは谷側と山側に倒すことは避け、水平方向を中心とする45度の範囲に倒すことが好ましいとされている。しかし道からの集材の効率を考えると集材する道の方向に向けた伐倒が好ましい。多くの場合、道は伐倒木の山側か谷側にあり、道が山側にある場合は山側に向けて倒し、道が谷側にある場合は谷側に向けて倒すことが好ましい。ただし急傾斜地で大きな木を谷側に倒すと、倒れた木の滑りのブレーキが利かず危険であり、残存木に傷がつく恐れも大きい。そのほか地形や木の形状などから危険と思われる方向は避けるべきである。道の方向に向けて倒すのは、道で操作している機械が伐倒木を直接つかめる機会を多くし、作業工程の連携をよくするためである。道に近い木は道に並行的に倒すことが好ましい。

掛かり木になることをできるだけ避け、伐倒木が重なり合うこともできるだけ避けたい。また小さな谷や突地形のところに木を倒すと幹が折れる危険性があるので、そのような方向は避けて倒さなければならない。このように伐倒作業は様々な要素を踏まえて求める方向を定め、その方向に正確に安全に倒せる高い技術が必要である。

残す木の幹に傷を付けない

伐倒、集材作業において残存木に傷がつくと、傷場所から樹木の生理作用によって必ず変色が起き、その後、変色菌、腐朽菌によってさらに色が悪化し、材が劣化していく可能性が高い。樹木は生物であることを忘れてはならない。

伐倒の仕方に注意を払うとともに、集材時に傷がつきそうな木の幹に被害よけの防御物を巻いてやることが必要である。幹に傷をつけることは材の商品価値を著しく下げることであり、生産技術に反することを強く認識すべきである。

第6章

作業システムと間伐

林業経営を有利に進めていくためには、しっかりした経営のビジョンを描き、それにふさわしい経営基盤を築くことが重要である。しっかりした経営基盤は、最終の目標林型とそこに至るまでの途中段階の目標林型を明確にし、それに応じた間伐などの施業を実施することによって構築することができる。林業経営を成り立たせるためには労働生産性を高めるためのしっかりとした作業システムが不可欠であり、そのためには路網の整備と機械化が必要である。林業経営の中核となる間伐作業は、路網と機械を組み合わせた作業システムを抜きにしては語れない。作業システムはコスト分析による評価が必要である。

適切な作業システムの選択

作業システムは、事業体の規模と事業量、山の傾斜角などの条件によって様々な選択肢がある。まず、傾斜角が35度以下で、団地化された事業のように事業規模の大きく取れるところでの作業システムについて述べる。このような条件下では3ｍ幅またはそれ以上の作業道を作設することができて、ハーベスタやプロセッサなどの大型機械の使用が可能であり、これらを適切に使えば労働生産性は高まる。

木材生産に要する経費のほとんどは人件費と機械の減価償却、メンテナンス、油代であり、間伐作業においても同じことである。したがって間伐の労働生産性を高めるためには、人と機械の間の無駄をなくすことが重要であり、機械と機械の間の遊び時間をなくすことが大切である。道にごく近い木はハーベスタを使って伐採できるが、林内の多くの木はチェーンソーを使った伐採である。チェーンソーによる伐採、ハーベスタかプロセッサによる集材と造材（枝払いと玉切り）、フォーワーダによる搬出の連携が最も一般的であり、これらをうまく結びつけると作業効率は高くなる。チェーンソーによる伐倒は、機械が集材しやすいように伐倒方向を工夫し、集材はフォーワーダによる搬出がしやすいように丸太を配置することが必要である。これらの作業間の待ち時間がないように、ボトルネックが小さくなる作業システムを考えることが必要である。ハーベスタやプロセッサの処理能力は高いので、それら1台の機械に対してチェーンソーマンの人数とハーベスタの数をどのように組み合わせるのが有利かを考えたシステムを組むことが大切である。

作業班のチームを多く持っている事業体においては、例えば集材、搬出に対してチェーンソーによる伐倒作業がボトルネックになっていれば、チェーンソーマンを他のチームからまわして増やすとか、伐倒、集材に対して搬出がボトルネックになっているとすれば、フォーワーダを増やすとかの作業システムの臨機応変の変更が有効である。ともかく作業間の連携において、人と機械の遊び時間を小さくすることが重要である。

目標とする労働生産性は、作業道の開設から2順目以降の間伐時に置かれるべきで、しっかりとした作業システムを築ければ、2順目以降に10㎥／人・日の労働生産性があげられ、さらに高い値をあげていくことができるといわれている。京都府の日吉町森林組合では10年ぐらい前から作業システムの工夫に取り組み、最近では10㎥／人・日を上回り、まだまだ高まっていく見込みだという。なお、ここでいう労働生産性の計算過程には、機械経費（減価償却、メンテナンス、油、修理費を含む）や直接・間接の人件費なども含まれている。

自伐林家などで所有面積と事業規模が小さい場合や、35度以上の急傾斜地などでは、道幅は2.5m未満の狭い作業道で、小型の機械を効率的に使うことが必要である。この場合はチェーンソーによる伐採と造材、グラップル集材、フォーワーダ搬出という組み合わせが一般的で、この組み合わせで5㎥／人・日以上の労働生産性をあげている例も多く見られる。しかし森林組合や林業会社、あるいは自伐林家同士の働きかけで団地化が進められ、施業の集約化がなされれば、作業システムはさらに向上し、労働生産性も高まるであろう。

道と間伐

森林作業道（以下、「作業道」と呼ぶ）は一般車両の通行は想定せず、フォーワーダか小型トラックで林業専用道または林道まで丸太を搬出できる程度の道である。以前は作業道は一時的施設と見られることが多かったが、持続的林業経営のためには継続的に使用できるしっかりしたものだという考えが必要である。

作業道は自然の地形、地質、水道《みずみち》などに逆らわないように、林業技術者が自然をよく観察してルートの選定を行い、できるだけコストを掛けず自然に馴染んだしっかりとした安全性の高いものを作ることが必要である。自然に逆らったルートの選定や工法のまずさは後々のメンテナンスの負担を大きくし経営を圧迫することになるので、道づくりの技術は非常に重要である。それと同時に集材の作業システムに適したルートを選ぶことが大切で、それが伐出過程の労働生産性を左右し、林業経営そのものを左右することになる。

作業道で集材、造材（枝払い、玉切り）を行い、丸太をフォーワーダで運ぶ。土場で丸太を

図20　100年生の高齢林の中を走る作業道（奈良県吉野、岡橋清元氏経営林）
路網がよく整備され、適切な間伐が進められている

トラックに積み、林道、一般道を経て木材市場、製材所などの目的地に運ぶ。

作業道は材の搬出のためだけでなく、傾斜地を平地にし、ハーベスタ、プロセッサ、グラップルなどの機械の操作場所を提供するという大きな意味を持つ。そのことからも作業道は機械化のために不可欠である。

作業道の開設は林木の利用価値が出てきて、搬出間伐ができる大きさになった時に行うのが合理的である。道にかかる支障木の多くと、道を利用して伐出した木は間伐材として収入を得ることができ、それによって少なくとも道の作設費の多くを賄うことができる。この時に気をつけなければならないのは、道に接したしっかりとした木は伐らないで残してお

図 21　開設直後の作業道（京都府日吉町森林組合）
やむを得ず切り取り法面が高くなったところは、崩壊防止と盛土法面の補強のために丸太組み工法を施している。水処理には横断溝など様々な工夫がなされている。道に沿った木は伐らないで残されていることに注意（110 頁、図 24 と比較）

くことである。道の支障木が伐られた分だけ林冠に空間ができるので、道に接した木にその空間を有効に利用してもらい、再閉鎖をする役割を果たしてもらうためである。道の上の空間を林冠が再閉鎖すれば、道を作ったことによる太陽エネルギーの利用ロスは一時的なものとなり、道のためにできた列状の空間は一時的な列状間伐の空間であったと見なせるのである。

　道に沿った木を残すもう一つの重要な意味は、切土法面の崩壊を、道に接した木の根系がその土壌緊縛力で防いでくれることである。年月が経てば法面は次第に落ち着いていくので、道に接した木も将来順次間伐していくことができるようになるだろう。

中小面積の森林を対象とした自伐林家や事業体で事業規模の小さなところでは、高額の大型機械は採算に合わなかったり、また35度以上の急傾斜地のところでは、小さな機械に合わせた道幅にすることが望ましい。道幅はクローラタイプの機械では機械幅の1・4倍、ホイールタイプの機械では機械幅の1・5倍の道幅でよく、1・5〜2・5m幅まで色々な幅が選択できる。小型のゴムクローラの搬出車でウインチ集材するものなら1・5m幅の道でもよい。

機械と間伐

事業規模の大きいところで地形の厳しくないところでは、路網を整備して大型機械を使用することが労働生産性を高める上で有利である。道から近いハーベスタのアームが届く木は、ハーベスタで直接伐採し造材できる。チェーンソーによる伐倒は、道で操作しているハーベスタ、プロセッサなどの機械が集材しやすいように、すなわち伐倒材を機械が直接つかめるように努めることが大切で、山側に道がある場合には山側に、谷側に道がある場合には谷側に倒すことが望ましい。ただし急斜面での谷側への伐倒は、伐倒木が損傷したり、伐倒木が滑り落ちて残存木の根元に当たって傷をつけることがあるので注意が必要である。傷のつく危険性のある残存木には、その根元を保護する幹ガードで囲んでやるとよい。幹ガードには木で編んだ簀《す》のようなものや繊維質のものなど様々なものが工夫されている。

ハーベスタやプロセッサは、長材をつかんだままそれを左右に送ることができるので、残存木の中での間伐木の集材も行いやすい。そしてハーベスタやプロセッサは材の引き寄せ、枝払い、玉切りを同時に行うことができるために労働生産性は非常に高い。路網が整備できないような地形のところでは、架線集材やスイングヤーダによる集材が必要であり、それぞれの条件に応じて機械の選択と集材法が採択されるべきである。

ハーベスタなどでつかんで安全に操作できる丸太の太さには上限があり、将来機械の性能に向上があっても恐らく60㎝ぐらいではないかといわれている。そうすると特別な大径材の生産を目的とする場合を除けば、一般的な施業体系での目標林型は、胸高直径が60㎝ぐらいまでの木で構成された森林ということになり、スギの一斉林の場合は100年生余り、ヒノキの場合ならば百数十年生の森林ということになろう。生産林の目標林型の決定要因の中には機械の能力も含まれるということである。また機械のサイズを規制する道の幅も目標林型の決定要因の

図 22　伐倒作業中のハーベスタ（京都府日吉町森林組合）

図 23　造材作業中のプロセッサ（三重県松阪飯南森林組合）

一つとなる。

中小面積を対象とした自伐林家などでは、大型機械は事業規模に馴染まなかったり、あるいは急傾斜地では道幅に制約があったりして、小型のグラップルなどを使用した方が労働生産性が高くて、そういう方法を選択しているところが多い。機械は事業規模や地形などに応じて慎重に選択すべきである。

国産の高性能林業機械といわれているものは、土木機械を一部改良しただけのものであり、ヨーロッパの林業機械に比べて性能はよくない。日本の林業が振興してマーケットが広がることと、技術レベルの高い林業技術者からの熱心な注文が機械メーカーを動かさなければ林業専用の国産の高性能機械は開発され難い。ヨーロッパの高性能機械を輸入して使おうとしても、国内における機械の使用量が大幅に増えなければ、機械のメンテナンスなどの点から難しい。いずれにしても国内で性能の優れた林業機械を使うためには、林業の振興と優れた技術者の輩出が必要である。

第7章

間伐に対する誤解・疑問のいろいろ

国内各地の間伐の実施現場を見ると、間伐の基本が理解されずに作業の行われているところが多い。その代表的な疑問例を並べてみよう。

本数間伐率なのか材積間伐率なのか

本数間伐率か材積間伐率かは、必要に応じてどちらを使ってもよい。しかし「間伐率何パーセント」というときには、必ずそのどちらなのかを断らなければならない。下層木中心の間伐では本数間伐率よりも材積間伐率の方が小さい。間伐の遅れたの林分では、本数間伐率が30%とすれば材積間伐率は10%余りであり、その程度であれば間伐効果はほとんどない。間伐効果を求めれば、材積間伐率にして30%ぐらいの間伐が必要であり、下層木中心の間伐では本数間伐率にして50%近くの間伐となる。この違いをよく認識しておく必要がある。

間伐補助金の指定条件や事業体の印刷物などに書かれている「間伐率」には、それが本数間伐率なのか材積間伐率なのかが記されていないことの方が多い。これはおかしなことであり明記すべきである。

間伐率という数字にのみとらわれた間伐

公的な機関などから森林組合や林業会社などへの間伐の事業発注に際して、間伐率は何パーセント以上という条件がついていているのが普通である。だが、どういう目的のために、どういう間伐をするのかという説明がなされていることは希である。「間伐率○○％以上」という条件が「○○％」と受け取られ、その数値を達成すればよいという考えが一人歩きしている場合が非常に多い。したがって目的に照らしてどういう木を残し、どういう木を伐る（伐った）かという内容に至っていない場合が多い。仮に30％という数字が示されていても、場所が少し違えば30％では少ない場合や、逆に30％では多い場合もある。だがそういう現場に即した判断で間伐をすると検査に通らないという話をよく聞く。

どういう目標林型にむけてどういう間伐を求めているのかという発注者の意図が分かれば、受注者は現場に即して臨機応変に受注者の力を発揮してそれに応えられるようであってほしい。その場合、30％なら30％はあくまで目安であって、説明できれば25％の場所があってもよいし、35％の場所があってもよいとすべきである。一律の数字にとらわれるのは好ましくない。

同じことは補助金を受けての間伐にも見られる。補助金の条件として「間伐率○○％以上」とあると、「○○％の間伐」をして補助金をもらうのが一番楽なので、そのような最低限の間伐で終わらせているケースが多いのである。それはどういう経営を行うためのどういう間伐をするかを考えるのではなく、補助金のために間伐をやっているだけという感じである。

道づくりの支障木と林内木を一緒にした間伐率

間伐の補助金の条件として間伐率が示されている。作業道づくりと間伐が同時に行われることが多いが、その場合の間伐率は道のために除去される支障木も含んでのものか否かを、その担当者に聞いても曖昧なことがよくある。間伐率を○○%と定めて、間伐率に道づくりの支障木の本数を含めている場合は、林内木の間伐率がその分低くなっており、これはまずいことである。

道の支障木の本数を除いて、林内の間伐木の本数で間伐率を計算する方が筋が通っている。しかしその場合でも、道のための伐開が道に近い林内木に間伐効果を与えるので、道にごく近いところの間伐強度は低くてよい。そのために林内木の間伐率は、道を作設しない場所の間伐率に比べれば少し低目になる。地形との関係などから道と道の間隔は一律ではないから、林内の光環境も一律ではなく、光環境を考慮しながら選木をしていかなければならない。道の作設と間伐との間にはこのような考察が必要であり、机上で決められた一律な間伐率に縛られてはならない。単純に間伐率を条件付けることはまずいといわねばならない。

作業道開設のときに道の両脇の木を伐りすぎる

作業道の開設時に道に沿った木を伐っている場合が多いが（110頁、図24）、これはいろいろな点から損失である。すなわち、切り取り法面の上に残された木はその根系の土壌緊縛力によって切り取り法面の崩壊を防ぐ役割を果たしてくれるので、それを伐ることは損失である。また傾斜地のカーブの谷側法面では、法面に沿って木があることは運転者の心理的安心感のためにも効果がある。そして道づくりに伴い伐開幅を大きくすると、林内に無駄な空間が増えるとともに、そこが風の通り道となって台風被害の危険度が増す。さらにまた、道に沿った木を残しておけば、その木は道の空間の光を十分に受けて成長が良くなり、次回以降の間伐に有利になる。

これらのことから、道に沿った木は出来るだけ残し、伐るとしても次回の間伐以降に回していくべきである。ヘアピンカーブのところでこのことを守らないと、その付近は裸状態になって、マイナスが大きい。

機械のための間伐

図 24　作業道の両脇の木の伐りすぎ

道に伴ってこれだけの空間を空けることは太陽エネルギーの損失である。この空間を活かせるように道脇の木はできるだけ残すことが望ましい。傾斜が急なところでは、道脇の木の根系の土壌緊縛力が法面の崩壊を防いでくれる。図 21 と比較してみるとよい

経営の向上、労働生産性の向上のためには、どのような施業体系と作業システムを築いていくかということと合わせて道づくりや機械化の検討をしていくのが順序である。ところがともかく機械化が必要だということが先行し、良いといわれた機械を吟味もしないで購入し、その機械に合わせた無理な道づくりや、機械の都合に合わせた間伐の仕方が優先しているケースが非常に多い。例えばスイングヤーダを購入して、その機械の作業ができるように、そこの地形を無視した無理な道幅の取り方や、機械の都合からの列状間伐一辺倒というのはその例である。機械は間伐のための手段である。どのよ

うな間伐が林業経営にとって好ましいか、そのためにどのような機械を選択するかを道づくりと合わせて考えることが重要である。

土壌条件に応じた間伐ができていない

同じ樹種を同じ年に、同じ本数密度で植栽しても、土壌条件によって成長速度は異なる。したがって間伐の間隔と強度は土壌条件によって異なるはずである。しかし成長の実態を無視して、植栽後何年目に何パーセントの間伐をするという一律な計画を立て、まずい結果を招いている場合が多い。土壌条件のよいところは成長がよく、混み方が早く強まるので、土壌条件がよくて成長のよいところほど、間伐は早くスタートさせ、間伐の間隔は短めに、あるいは強度は強めにということにしなければならない。

同じ林分内でも、斜面の上は成長が遅く、斜面の下は成長が早い。したがって林分全体を同じ間伐率で間伐するならば、斜面の下の方は間伐強度が弱く、斜面の上の方は間伐強度が強いということになる。そのために、斜面の下ほど再閉鎖が早く、斜面の上ほど再閉鎖は遅いという結果になる。したがって斜面の下の方ほど強めの間伐をし、斜面の上の方ほど弱めの間伐をしなければならない。

補助制度と間伐

森林施業に関する補助金は、それぞれの事業ごとに要件が細かく定められ、複雑で分かりにくいという。間伐補助金だけでも十数種類あると聞く。その要件の数字に縛られることが、それぞれの現地の実態に応じた技術の創意工夫の芽を摘んでいるようである。補助を受ける方も、審査する方も定められた内容を守ることに捉われ、そこで何が必要なのかという議論の機会を奪われ、自ら考えるという姿勢が失われているように思う。

本章の中の「間伐率という数字にのみとらわれた間伐」でも触れたが、間伐の補助金において間伐率が30％以上という条件があっても、施業歴や立地条件から25％ぐらいにしておいた方がよい場合もあり、また35％かそれ以上が好ましい場合もある。しかし不思議なことに「間伐率○○％以上」という条件を「○○％」と受け止め、○○％という数字のみが一人歩きしている場合が多い。

補助金を受ける事業同士の関係がバラバラで施業体系としての評価ができないようである。枝打ちの補助金を受けて、将来モノになる木に枝打ちをして、その後、間伐の補助金を受けて2残1伐の列状間伐を行っている例などはその典型である。枝打ち効果がまだ出ないうちに列状間伐をして枝打ちした木を伐るのは、何のための枝打ちだったのかということになる。自ら考えた施業体系ではなく、個々の補助金に合わせてただ作業をしているだけである。

本章の中の「道づくりの支障木と林内木を一緒にした間伐率」でも触れたが、間伐率の計算で、道づくりの支障木として倒される木と林内の間伐木とをどのように考えて計算しているのかについては、地域ごとにあいまいで、そのこと自体が道づくりと間伐とを一体的に捉えられていない証拠のように思われる。そもそもいろいろな密度の道が作られるのに、道づくりに伴った間伐で一律な間伐率を当てはめることに無理がある。

要は施業体系全体としてよく考えているものに妥当な補助を与え、施業実施後の監査をしっかりとすることが必要だろう。補助金は対象事業がよい結果を生むことに連なるものでなければならない。事業ごとにバラバラで、細かい制約がついて、数字のみが一人歩きするような補助制度は改善されるべきである。自ら考え、創意工夫を働かせる技術者、経営者を育てる補助制度であってほしい。

間伐は二酸化炭素の吸収を促すという考え

間伐により林分の炭素吸収量（成長量）が増すということはない。間伐により単木の成長は増すが、間伐後しばらくの間は空間が多くなる分、林分当たりの成長量は減る。ただし、適切に間伐のなされた林分の間伐材を全部利用していけば、総収穫材積は間伐しないものよりも増える。間伐は二酸化炭素の吸収量を増やすとはいえないが、間伐材を利用することによって、林地と利用の場の両方で炭素を多くストックすることはできる。しかし、自然間引きされた木でも、伐り捨て間伐された木でも、徐々に腐朽しながらも炭素を長期にわたり貯蔵し続けることも忘れてはならない。収穫された材も早く燃焼されるものから、長く使われやがて燃焼や腐朽していくものまで様々である。このあたりの比較は、多くの調査資料を積み重ねて検討しないと分からないことである。

現在、地球温暖化防止のために、政策的に間伐が推進されているのは次の理由によるものである。

京都議定書によって日本は温室効果ガス（二酸化炭素）の排出量を、１９９０年のそれに対して、２０１２年までに６％削減する義務を負い、そのうち３・８％は森林による炭素の吸収量で補うことができるということになった。しかし森林による吸収量をカウントできる対象となる森林は、当初は新規植林地（これまで林地でなかった所の植林地）か、再植林地（かつて森林であったが、最近50年間は森林でなかった所の植林地）と規定されており、戦後の拡大造林政策により、新規植林地も再植林地もすでに１９９０年までに植栽されていて、もはや植林する余地がない日本は不利であった。そのために日本は人工林で１９９０年以降に管理されている森林もカウントの対象森林に入れて欲しいことを国際的に主張し、特例として認められた。１９９０年以降に「管理された森林」とされる森林は、ほぼ「間伐された森林」ということになり、「地球温暖化防止のための間伐」というのはそういう経緯の意味を持つものであり、その推進のために補助金がついているのである。したがって間伐そのものが「炭素の吸収速度を高める」ことを意味するものではないことを心得ておく必要がある。

ただし、この機会を持続可能で健全な森林づくりに生かそうという考えは大事である。間伐の推進により、生態的な脆弱性を小さくし、災害に強い森林に育て、より利用価値の高い材を生産して林業と木材産業の振興を図ることは、利用の場での炭素の貯蔵量を高め、かつ製品化するのに要するエネルギー消費量が、鉄やアルミニウムなどに比べて二桁、三桁も違うことなどを含めて考えれば、間伐の推進は地球温暖化防止に有効であるということができる。

間伐すれば木が減って損だという考え

森林所有者の中に間伐をすると木が減って損だと思っている人が案外多い。しかし一斉単純林において、単位面積当たりに立ち得る林木の本数は、樹高成長に伴って減少していき（間伐しなくても自然間引きされていく）、植えた木がいつまでも立ち続けていることはないという自然の法則性を知らなければならない。間伐せずに置いておくと、良質な木も枯れたり、形質劣化したりしていくし、やがて共倒れを起こすことにもなる。こういう簡単な理窟が理解できない人に、どう理解してもらうかは大事なことである。

第8章

施業体系と間伐

施業体系とは

林業経営には経営の目的があり、生産目的がある。森林から目的とする生産物を収穫していくには、どういう森林を育成し、収穫・更新の回転を図っていったらよいかを考えなければならない。その技術の体系が施業体系である。

いま、ある林分を皆伐して更新させるとすれば、植栽や天然更新による方法があるが、いずれにしても他の植生との競争を緩和させるための下刈り、つる切り、除伐などが必要である。その初期保育段階を終えると、目的樹種の競争を緩和し、収穫を目的とする間伐が行われ、やがて主伐収穫が行われる。あるいは主伐をしないで、さらに間伐（択伐）を進めていき、非皆伐の択伐林施業に進むこともある。

これらの更新、保育、収穫の一連の作業の体系付けられたものが施業体系である。そこでは収穫と更新は一体的なものである。施業体系には目標林型がなければならず、目標林型があってこそ施業体系が完結する。ただし、現時点では必ずしも最終の目標林型が立てられない場合もある。例えば択伐林施業（複層林施業）を目標にしたいが、現時点ではそれだけの技術的裏づけがない場合である。その場合はとりあえず長伐期多間伐施業による100年生ぐらいの大径木の林分を当面の目標林型とし、技術的に見通しがつけばそこから択伐林施業に移行していくことができると考えればよい。

施業体系は全体技術であり、その時々の下刈り、枝打ち、間伐などの技術は部分技術である。林業技術は、常に全体技術と部分技術との関係を見ていくことが大切である。なお、施業技術体系の中で、間伐シリーズを間伐の施業体系として捉えることもできる。いずれにしても間伐は施業体系の中で重要な位置を占めるものである。

一斉単純林施業

皆伐をして同一の樹種を同時に植える施業を「一斉単純林施業」と呼んでいる。ここで皆伐とは伐採面の最小辺が周辺木の樹高の1・5～2倍以上あるものを指し、非皆伐（群状択伐）は伐採面の最大辺が樹高の1・5～2倍以内であることを目安に区別するものとする。これは生態的に見た林内環境の要素が伐採面において保たれているか否かの違いによって分けられたものである。一斉単純林施業には、大きく分けて短伐期施業と長伐期施業がある。短伐期と長伐期は相対的に区分したもので、それを分ける林齢は明確ではないが、日本では普通には50年生以下で回転させるものを短伐期、70～80年生以上で回転させるものを長伐期と呼んでいることが多い。

9章の中で「森林の発達段階」を紹介するが、短伐期施業は森林の発達段階の「若齢段階」までの中で回転させるもの、長伐期施業は「成熟段階」までの中で回転させるものということになり、それによって伐期に生態学的な意味づけがなされている。林業的には短伐期施業は小径材生産、長伐期施業は大径材（主伐材と間伐材）から小径材（間伐材）までの生産ということになる。

短伐期施業

これまでの日本では短伐期施業が主流であった。その理由として、
①40～50年生の主伐で、住宅の軸組み工法の主役である心（芯）持ち柱材の2玉が効率的に収穫できること、
②足場丸太などの小径材が間伐材として価値を有したこと、
③50年生前後の主伐の時点が平均成長量が最多となり、量的生産からみれば、そこで主伐することが有利だとみなされたこと、
④伐出の機械化の進んでいなかった時代には、あまり太くならない方が伐出しやすかったこと、
⑤自分の植えたものが自分の生涯のうちに収穫できるという魅力のあること、
⑥造林投資を利回り計算すると短伐期が有利になるということ、
などがあげられ、これらの要因が合わさって短伐期施業が評価されてきたようである。そのほ

かに、戦後の復興期や高度成長期に木材が不足して、多少細い材でも有利に売れたことも短伐期を促進させたようである。

①についてはその通りであるが、心（芯）持ち柱材は長伐期施業における50年生ぐらいまでの段階での間伐でも供給できる。②の価値が低下したことは止むをえないことである。③については、これまで使われてきた林分収穫表では、50年生前後で材積成長量（速度）が頭打ちになっているが、近年各地で調査されている報告では、80年生、あるいはそれよりも大きい林齢まで材積成長は速度を緩めながらも伸び続けていることが分かってきている。この事実は伐期の検討に重要である。

④については、伐出の機械化が進んできた今日では、ある程度まで太い材の方が伐出効率が高いために逆の評価になってきた。⑤については、確かに無視できない要因であるが、これは経営的な考えとは別のものである。⑥については、利息の設定のわずかな違いで評価が大きく変わってくるので、時間とともに変動する経済情勢の中で現実的な評価とはいえないようである。

以上のように①～⑥を合わせて考えると、短伐期施業は一般には有利とはいえないようである。短伐期施業が有利なのは、磨き丸太材のように、立木の形態と製品の形態が密接で、製品が小径材に偏っている場合や量的生産のみを評価する場合などである。

また次章で説明するが、短伐期施業は森林の発達段階における若齢段階までの繰り返しである。それは土壌生産力、水源かん養機能、生物多様性などが回復、向上する前までの段階での施業の繰り返しであることを認識しなければならない。

長伐期施業

前に述べたような理由によって、これまで短伐期施業が指向され、長伐期施業は一部の地域や所有者を除いて大変少ない状態であった。しかし長伐期施業には経営上の利点と環境保全面

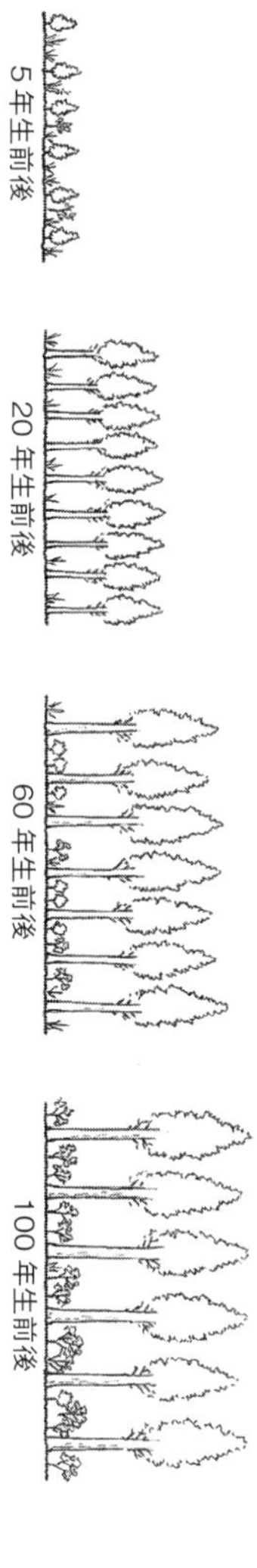

図25　針葉樹人工林の長伐期施業の目標林型とそのプロセス（全国提案型施業定着化促進部会、2010）

からの評価がある。まず経営上の利点を列挙する。

経営上の利点

①長伐期施業は、施業体系全体の中に占める植栽と下刈り・伐り捨て間伐などの保育作業量の比率を下げ、その分低コスト化を図れる。

②長伐期施業は大径材生産に結びつき、大径材は伐採と集材工程の労働生産性を高める。

③長伐期による大径材は、無節性や年輪構成の上から材質において優れている。

④大径材は採材歩留まりが高くなる。

上記の①から④までの説明を順番にする。

①について：日本は温暖で1年を通して雨に恵まれているために、植物の生育に適しており、日本の自然の姿は森林である。そのことは林業に適している必要条件であるが、十分条件ではない。日本の自然はスギ、ヒノキ、カラマツなどの林業用樹種の生育にのみ適しているのではなく、様々な樹種の生育に適しており、有用樹種の更新地では、様々な雑草木の繁茂が著しくて、何年にもわたる下刈り・つる切り作業が不可欠である。温帯における林業国の施業体系の中で、日本の下刈りなどの初期保育作業量は10倍ほどもの桁違いの大きさである。育林コスト

	50年伐期×２回				100年伐期				
	50年皆伐	40年間伐	50年皆伐	計	55年間伐	70年間伐	85年間伐	100年主伐	計
立木材積（㎥/ha）	460	108	460	1,028	112	105	119	626	962
単木材積（㎥/本）	0.54	0.24	0.54	0.47	0.44	0.70	1.06	1.86	1.13
丸太材積（㎥/ha）	279	33	279	591	55	63	89	571	778
歩留まり	61%	31%	61%	57%	49%	60%	75%	91%	81%

表２　短伐期と長伐期施業との比較（大貫・田口、2007）

資料：大貫・田口「消極的長伐期から積極的長伐期へ」現代林業 2007 年 8 月号

を下げるためには、下刈りコストをいかに下げるかが重要である。例えば、伐期を2倍にすれば、下刈りコストは半分ですむし、苗木代、植栽コストも半分ですむ。

②について：機械力を生かした伐採と集材工程では、同じ材積ならば、木が細くて本数が多いよりも、木が太く本数が少ない方が作業量が少なくて労働生産性は高まる。

③について：大径材では、自然落枝や枝打ち後に太った部分が多くなるので無節の材を得やすくなる。また適切な密度管理がなされていれば、年輪幅はそろいやすく、年輪の走行が垂直的になり（柾目が揃い）、良質材の条件がそろう。

④について：大径材は採材歩留まりが高くなることから、短伐期施業よりも総収穫量が多く

なる。例えば50年伐期を2回繰り返した場合と100年伐期とを比較したシミュレーション（表2）によれば、50年伐期2回の総収穫量は591㎥なのに対して100年伐期では778㎥と、3割以上収穫量が多くなるという計算もなされている。

環境保全的評価

人工林には生物多様性や水土保全機能などの発揮において天然林に及ばないところがある。しかし、人工林でも適切な管理をすれば、それらとの乖離を小さくし、生産と環境保全との機能を調和させていくことができる。長伐期多間伐施業は、森林の発達段階（9章、150頁、図29）の成熟段階までの施業であり、若齢段階までを繰り返す短伐期施業よりも環境保全的に優れていることが9章の中の「森林の発達段階」の図31（155頁）と表3（155頁）から分かる。すなわち、長伐期施業によって生物多様性は高まり、水源かん養機能は高まると読み取れるのである。

人工林で林齢が増すほど土壌の粗孔隙が多くなることが報告されているが、それは伐期が長くなり、下層植生が豊かになり、土壌生物相が豊かになることと関係している。土壌孔隙が多くなり、土壌構造が発達すれば保水機能と透水機能は高まり、それは水源かん養機能の上でも、生産機能の上でも好ましいことである。

スギの人工林で、齢級が高い方が林内の積雪量が多く、春の消雪時期が遅くなることが報告されている。高齢級になるほど樹冠同士の間の隙間が多くなり、林内に到達する積雪量は多くなるからであり、林内に到達した雪は、樹冠に捕捉された雪に比べて蒸発し難いからである。雪だけでなく、林内到達雨量も齢級が高いほど多くなることが報告されている。これらのことからも長伐期施業は水源かん養機能の上で好ましいということがいえる。

非皆伐施業（複層林施業、択伐林施業）

非皆伐施業とは文字通り皆伐施業でない施業である。非皆伐施業は具体的には択伐林施業や複層林施業といわれるもので、それには単木的択伐（点状択伐）、群状択伐、帯状択伐、およびそれらを組み合わせたものなどが含まれる。皆伐作業ではなく、択伐作業である条件としては、伐倒する群の最大辺や帯の幅は周辺の木の樹高の1・5～2倍ぐらいまでだろうと生態学的に見られている。そのサイズまでは林内環境の影響の及ぶ範囲だと見られているからである。先に1章で述べたが、「複層林施業」は「複相林施業」と同じである。群状択伐施業や帯状択伐施業の場合は「複相林施業」の方がイメージに合うが、本書では従来通りの「複層林施業」を使っている。

非皆伐施業の長所

①土壌保全に優れている。それは土地生産力の維持と水源かん養機能の向上に連なる。

②一定面積の森林において、収穫の間断を小さくでき、年毎または年間の作業の平準化を図ることができる。
③適度な被陰効果によって、下刈り作業量を軽減することができる。また、下刈りが必要としても、日陰が多いために真夏の炎天下の厳しい作業が緩和される。

図 26　複層林施業の目標林型（愛媛県、岡信一氏経営林）

先々代が造成した長伐期施業の林分を先代が複層林に誘導し、現代の岡氏が管理されているものである。4世代のスギで構成されているが、自然に侵入してきたケヤキなどの有用広葉樹も混交している上記の①から③までの説明を以下に順番にする。

①土壌保全

皆伐をすると直射光により土壌の分解が早まり、雨滴の直撃によって土壌構造が破壊されるとともに土壌の流亡が起き、直射光と風当たりが強くなることによって土壌が乾燥しやすくなる。また冬には霜柱が立ちやすく、その後の雨で土壌が流亡しやすくなる。非皆伐施業はこれらの皆伐の欠点を防いだり小さくできることにおいて優れている。

②収穫、作業の平準化

皆伐施業においても、伐期の年数までの林分が均等に配置されていれば（このような森林を法正林という）、毎年一定の収穫が得られ、作業の平準化も可能である。しかし小さな所有規模のところではそのようにはいかず、そこでは非皆伐の択伐林施業によって収穫の間断を小さくし、作業の平準化も図れる。また団地化されたところでも非皆伐作業を採り入れれば、収穫と作業の平準化はいっそう促進される。

③過酷な下刈り作業の軽減

スギやヒノキのようにある程度耐陰性のある樹種は、適度な日陰で生育できるが、ススキなどのような陽性で成長の旺盛な植物は被陰によって成長が抑制され、その分、下刈り作業量が軽減できる。下刈りの最も有効な時期は6月下旬から8月までの暑さの厳しい時期であり、その時期に適度な日陰で作業ができることは、非皆伐施業の大きなメリットである。

非皆伐施業の短所

皆伐に比べて非皆伐は、伐倒と集材作業の能率が落ちるのが欠点である。中・下層木を傷つけないように上層木を倒して集材するには作業に手間がかかる。しかし一定の高さの技術レベルを有するところでは、それほど大きなハンディにはなっていない。

非皆伐施業の長短の融合

択伐林施業は下木を傷めないように伐倒、集材に注意をしなければならず、その分手間がかかる。伐倒、集材がしやすいようにある程度の本数をまとめて伐る群状や帯状の択伐を採り入れるとその欠点を小さくすることができる。群状や帯状の択伐にすると、スギやヒノキなどのやや陰性の樹種の更新にとっては、皆伐による裸地の更新面よりも幼齢木にとっての光環境はむしろ良くなる。ただし急斜面では帯の長さはあまり長くしないことが必要である。土壌の流亡が起きやすいからである。また帯が長いと風の通り道となって風害を受けやすくなることもある。伐採と集材作業のしやすさを考えて、群状、帯状、単木状択伐をうまく組み合わせるように工夫することが必要である。

非皆伐施業への移行

森林の発達段階（9章、150頁、図29）において、成熟段階で二段林的な構造が発達し、老齢段階において階層構造とパッチ構造の発達した、いわゆる複層林の構造が発達する。パッチとは周りとは構造の異なる小さな群のことである。したがって樹種を問わずに複層林化させようと思えば、積極的に間伐を進めて、階層構造の発達速度を高めればよいということになる。特定の樹種の更新を期待するならば、それに適した光環境にして、その苗木を植栽することになる。もちろん期待する特定の樹種が天然更新してくればそれにこしたことはないが、日本では林業用樹種でそれが期待できるところは余り多くない。

以上のことから、非皆伐の複層林施業に移行できるのは、長伐期多間伐施業を進めていって、上木の樹冠同士の空間がかなり大きくなってからということになる。それは積極的な間伐を進めていっても、少なくとも70〜80年生以降においてのことであり、100年生ぐらいと見ておく必要がある（図27）。50年生前後の林分で複層林施業を導入するのは生態的にも経営的にも無理がある。70~80年生ぐらいまでは間伐をしっかりと進めていく期間であって、それは複層林施業を可能にするプロセスであると理解すべきである。長伐期多間伐施業の延長上に複層林施業の選択肢が開けてくるものである。長伐期多間伐施業も終盤に達し、個々の木がしっかりとした大きな木になれば、目標とした木から択伐していけばよい。択伐によるギャップに更新を図っていくと択伐林施業になる。4章「望ましい間伐シリーズの一例」の図18（79頁）を例にして考えると、１００年生で主伐することなく、その頃から択伐を重ねながら部分的な更新を重ねて択伐林（複層林）施業に移行していくことが望ましいのではないかと考えられる。この場合には、林内の光環境を考えた択伐も必要になる。更新と生育への光環境確保のために何

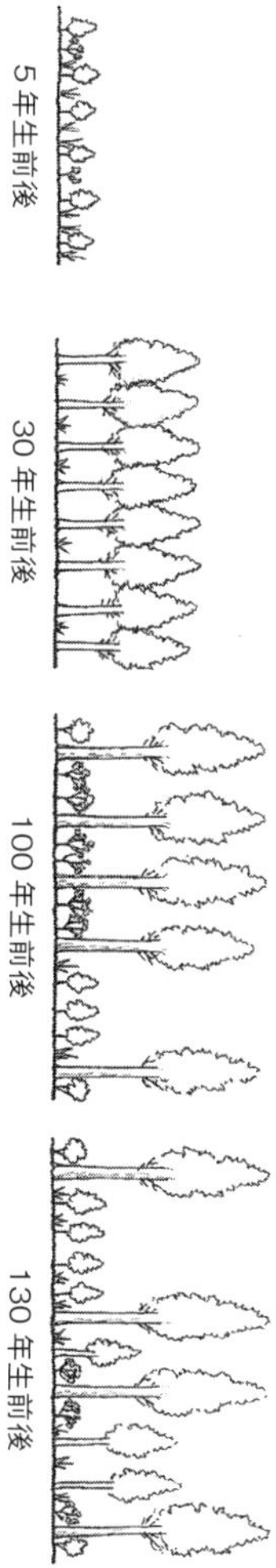

図27　長伐期施業から複層林施業へのプロセス（全国提案型施業定着化促進部会、2010）

本かの木をまとめて伐る群状択伐や帯状択伐も含まれることもある。

混交林施業

混交林施業はいうまでもなく、一つの林分内に異なった樹種を一緒に育てていく施業のことである。混交林施業と複層林施業は関係し合っているところが多くある。例えば複層林施業において、上木と下木の樹種が異なっている場合があり、それは混交複層林施業ということになる。群状や帯状の複層林施業は、群や帯ごとに樹種を混交するのに適している。天然林や天然生林には混交林であるものが多い。

混交林施業の長所

混交林の中でも、特に針葉樹の中に広葉樹を混ぜることは、生物多様性を高めるために効果がある。それは異なったタイプの樹種が増えるというだけでなく、それに伴う昆虫や鳥などの動物の種が豊かになることであり、土壌生物の種類と量が豊かになるということである。特に土壌生物の種数と量が豊かになるということは、土壌構造の発達を促し、保水力を高めることになる。それは土壌生産力を高めるとともに、水土保全的にも評価されることである。生物多様性の保全と水土保全が同調することは図31（155頁）からも分かる。

上述したように広葉樹の混交した樹種構成の豊かな森林は土壌の構造を発達させやすいが、ヒノキ人工林は酸性化しやすいために、広葉樹が混交することは酸性化防止のためにも好ましい。またヒノキの落葉は他の植物の生育を阻害するアレロパシーを有するために、それを緩和する点からも広葉樹との混交は好ましい。

広葉樹でもケヤキやミズナラなどのように経済価値の高い木の混交が望ましく、それらをうまく保育していけば、経営的にも有利に展開させられる可能性がある。しかし、経済的価値は低いものでも、針葉樹の中に適度に広葉樹が混交していれば、生物多様性の保全と土壌保全のために効果がある。それは長い目で見れば木材生産力の維持という評価にもつながるだろう。

針広混交林は複層林的な構造であり、択伐林施業を必要とするのが普通である。針葉樹の中にある程度落葉広葉樹が混ざっていると、林内照度はその分高く、択伐林施業での更新条件はよい。

混交林施業の短所

お互いの樹種の生育特性をよく把握しなければならない。また針広混交林においては、広葉樹の枝張りは針葉樹に比べて広く、かつ枝が太くしっかりしているために、伐倒に際して掛り木が生じやく、掛かり木を降ろすのにも手間のかかることである。

混交林施業の長短の融合

針広混交林における掛かり木の欠点を避けようと思えば皆伐施業を行えばよいということになるが、樹種が異なれば成長速度は異なり、あるいは樹種ごとに材の価値と太さの関係が異なる場合が多く、混交林の皆伐施業は、バイオマス的な生産目的を除けば考え難い。したがって針広混交林の場合は択伐林施業を選択することになる。お互いの樹種の特性をよく把握すれば、混交林施業はそれほど難しいものではない。

混交林への移行

針葉樹人工林の混交林への誘導

手入れ不足の針葉樹人工林は、生物多様性、土壌保全、風致などの点から不健全であり、それを健全なものにしていく一つの方法として、針葉樹人工林の針広混交林への誘導がある。その目的の一つは、そこを生産林として維持するよりは環境林として天然林化させていった方がよいと判断する場合である。もう一つの目的は、生産林を維持し、広葉樹も生産対象としていきたい場合である。前者は広葉樹の樹種は問わないが、後者は有用広葉樹であることを問う。生産林とする場合は、その後も間伐は継続されるが、環境林の場合は広葉樹の更新がすめば、必要が生じた場合に最小限の間伐を行い、その後は自然に任せていけばよい。この場合は、手をかけなくてすむ天然林に誘導するために、今は手をかけることが必要なのだという考えが大事である。ここから述べるのは、環境林にも生産林にも通じる間伐と更新段階についてである。

針葉樹人工林の一斉単純林を針広混交林に持っていくには、強度な間伐を行って広葉樹の天然更新を期待するか苗木を植栽する。それまで間伐が不十分であった林分であれば、優勢木を残して本数間伐率にして少なくとも70%の間伐は必要であり、それを2回に分けて実施する。

すなわち50％ぐらいの間伐を5、6年間隔で2回行うという計算である。

それでも広葉樹の生育への光条件は不足する場合があり、その場合は数本の木をまとめた群状の間伐も含めることが必要である。すなわち単木的な間伐とともに、部分、部分で群状の間伐を行うのである。群状に伐られたギャップには複数の苗木を群状に植えることが好ましい。天然更新が期待できればそれに委ねていけばよい。

帯状の間伐、例えば2残2伐の間伐をし、残存列の劣勢木、形質不良木を積極的に除去するという方法もある。さらには帯状、群状、単木状などを組み合わせた方法など、いろいろな方法が考えられる。なお、2章の中の「間伐、択伐等の区別」において、「大きな木を抜き伐りしていく方法を択伐という」と説明したが、それからするとここで述べている単木的伐採は、劣勢木から伐っていくのであるから択伐ではなく間伐ということになる。したがって間伐に伴う更新ということになり、造林学的には奇妙な作業であるが、現実にはそうして林種転換を図った方がよい林分が増えているのである。

それまでの間伐が適切になされてきた林分においては、優勢木を伐って準優勢木を残す間伐法も採れる。その方法は間伐ではなく択伐ということになる（2章の中の「間伐、択伐等の区別」参照）。その場合でも広葉樹の生育のことを考えると、数本の木をまとめて伐る群状間伐をして、そこに広葉樹の苗木を群状に植えるか、天然更新が期待できれば、それに委ねればよい。

付近の母樹の状態や、周辺の更新状況から見て天然更新が期待できれば、期待する更新面を適度に地掻きするなどの更新補助作業を行うことが好ましい。

目標林型を有用樹種の混交林とし、経済林として維持回転させていく場合は、有用広葉樹の更新を図らなければならない。天然更新を期待する場合は、少なくとも200m、できれば100m以内に期待する樹種の母樹があるか、周辺の空間地にそのような樹種の稚樹が見られるかを確認する必要がある。ケヤキのような風散布の樹種は200mぐらい離れていても（風向きとの関係はあるが）天然更新の可能性はある。ミズナラやブナなどの種子がドングリの重力散布のものは、地形の関係もあるが、母樹が数十mの範囲にあることが必要である。ただし、カケスが貯食のためにもう少し離れたところからもドングリを運んできて埋めてくれることもある。有用樹種の更新が期待できない場合は苗木を植栽することになる。

目標林型を針広混交林とするが、広葉樹は有用樹種であることを問わない場合は、埋土種子による更新も含めて天然更新に期待できる範囲は広がる。この場合は経済林ではなく環境林を目指すことになるので、広葉樹さえ多く更新してくれれば、スギなどが気象災害にやられることはそんなに深刻な問題ではなく、前述した間伐率よりももっと思い切った間伐をしてもよい。

ただしヒノキはいっぺんに極めて強度な間伐をすると、環境の急変で枯死することがあるので、それは避けるべきである。広葉樹の更新を考えると、皆伐するよりは適度に上木が残っている方が、更新樹が荒い気象条件から守られて生育もよいので、皆伐はしない方が良い。針葉樹の上木が残っていれば、それらは鳥の止まり木となり、鳥散布の種子を散布してもらう機会が多い利点もある。鳥散布の種子による更新を期待するならば、例えばムラサキシキブなどの実のなる灌木性の樹種はできるだけ残しておくとよい。それによって鳥が多く集まり、そこにはない高木性広葉樹の種子を運んできて散布してくれるからである。

皆伐後の混交林の造成

本書は間伐技術を中心とするものであるが、間伐手遅れで皆伐更新せざるを得ず、新たに更新させる林分を針広混交林にしていく場合についても簡単に触れておきたい。異なる樹種を単木的に交互に植栽すると、多くの場合どちらかの樹種が他の樹種を淘汰してしまうので、樹種ごとにある程度の広がり（例えば10m四方）をもって群状に植え込むモザイク的な更新方法が望ましい。この場合、植栽地に広葉樹または針葉樹も天然更新してくるものがあるだろう。それ等の中で望ましいものは下刈りや除伐作業の対象としないで残していけばよい。

皆伐から更新する場合においても立て木は残しておいた方が、更新や更新木の生育にプラスになる。真夏の直射光と、それによる高温乾燥の厳しい環境を緩和するためである。

スギやヒノキを普通に植栽すると、そこに付近の母樹からケヤキやホオノキなどが天然更新してくることが多い。その時針広混交林を期待するならば、望ましいと思う比率までそれらの木の生育を許容して、それらを下刈りや除伐の対象から外してやるとよい（図28）。針葉樹と混ざって成長した広葉樹は幹が通直になりやすく、枝分かれの高さ（単幹の高さ）も高めることができる。広葉樹は、ある程度大きくなって（30年生ぐらいを過ぎて）以降は、力枝と称される大きな枝が枯れないように周辺の木を間伐することが大事で、そのことを含めて、混交林施業における間伐の選木の仕方は重要である。広葉樹は樹冠のスペースを大きく得ることを必要とするので、あまり多くの本数を残すことはできず、形質のよい木を選んで残すことが必要

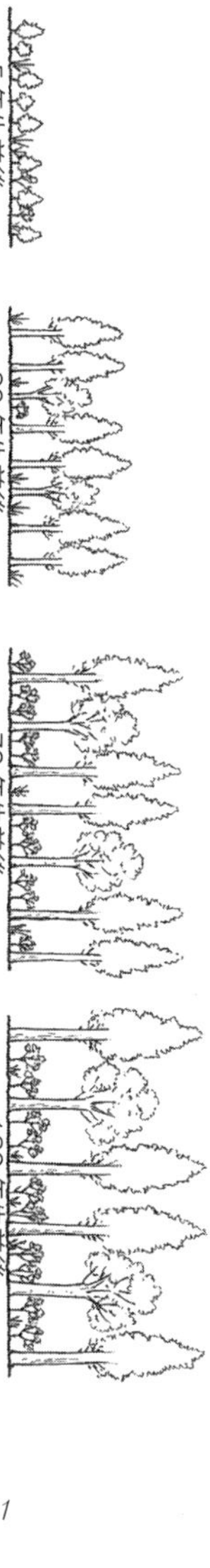

図28　侵入木を生かした針広混交林の目標林型とそのプロセス（全国提案型施業定着化促進部会、2010）

である。

施業体系に応じた間伐の留意点

一斉単純林の間伐についてはこれまで述べてきたとおりである。複層林施業では、上木による被陰効果があるために、下木がお互いに十分な生育空間が与えられるように、必要に応じた下木の間伐が必要である。下木が何層もある場合はより下層の光環境を考えた間伐が必要である。そのことから複層林施業の間伐は上木の択伐とともに大変重要である。

混交林施業では、それぞれの樹種の生育空間がどれぐらい必要かを考えながら間伐を進めていくことが大事である。残していくべき樹種の混交比率、それぞれの樹種の適切な利用径級などを考慮しながら選木していくことが必要である。広葉樹はごく若い段階を除いて針葉樹よりもより大きな樹冠長率を必要とする。そのことはより大きな樹冠幅を要することを意味する。広葉樹は残すべき木の力枝と称せられる樹冠の主力となっているしっかりした枝が枯れ上がらないように、周辺木を間伐していくことが必要である。

第9章

目標林型とその理論

本書のキーワードである「目標林型」については1章の中の「地域の管理指針を創るために—目標林型がなぜ必要か」で概略の説明はした。本章は1章で説明した目標林型の理論的説明を行うとともに、間伐や施業体系をより一層理解するのにも役立つ重要なものである。基礎理論を理解しておくことは、自ら考える応用力を養うことになる。

目標林型は、人工林、天然林、天然生林という人手の加わり方の度合いによって分けられる「林種の区分」と、それに時間方向の「森林の発達段階の区分」を組み合わせて求めるのが理論的で分かりやすい。したがってまず、人工林、天然林、天然生林の用語の定義を踏まえるところから始める。

林種

人工林、天然林、天然生林

林種の定義、特に天然林と天然生林の定義が曖昧であるために、森林管理の議論が混乱し、目標林型が曖昧になっているのが現状である。そこで内外の生態学と造林学の多くの文献を読んで得られる林種のイメージを整理すると以下の通りである。

人工林

　植栽または播種によって更新した森林。更新後の手入れの有無は問わないが、間伐等の保育を必要とするのが普通であり、またそうすべき性質のものである。木材生産など、必要とする樹種の比率や歩留まりを高くするために優れたものである。

天然林

　厳密には人手の加わらない森林であり、強風や火災などの自然攪乱によって天然更新し、極相までのあらゆる遷移段階（発達段階）を含む森林。天然林に多少の人為の加わったものも、天然要素の強い森林は天然林として扱われる。伐採後に成立した天然生林も時間がたってその痕跡が小さくなったものは天然林と呼ばれる。

天然生林

　伐採などの人為の攪乱によって天然更新し、遷移の途上にある森林であり、二次林と呼ばれることも多い（ただし、天然林であっても遷移の途上のものは二次林である）。天然更新補助作業を行ったり、天然更新し、成林した後で間伐などの手入れをしたり、収穫行為のなされている森林も天然生林と呼んでいる。薪炭林も天然生林の一つである。植栽後に他樹種が多く侵入し、それらの比率の高い不成績造林地と呼ばれるものも天然生林に含まれる。

人工林が植栽または播種したものであるのに対して、天然林と天然生林は天然更新したものであるところに大きな違いがある。天然更新したものの中で、人手が入っているかいないか、あるいは人手を入れるか入れないかで天然生林と天然林の違いがある。人手を入れる（天然生林）か、人手を入れない（天然林）かの区別は目標林型を検討するために不可欠である。

原生林（極相林、老齢林）と二次林

天然林、天然生林、人工林という人手のかかわり方により区分された林種と、時間方向の段階で区分された林種の関係を捉えておくことは、目標林型を考える上で不可欠である。次に説明する「森林の発達段階」を理解することはそのために大事なことであるが、その前に一般によく使われている原生林（極相林とほぼ同じ）と二次林とはどういうものかを理解しておく必要がある。

二次林というのは植生の二次遷移の途中段階のものであり、極相林（原生林）の対語である。

二次遷移とは、大きな攪乱を受けたが、前世代の生態系（主に土壌生態系）が残った状態から遷移がスタートしたものをいう。したがって二次林という用語は、天然林の途中段階に使われ、天然生林と似たものの別名としても使われるが、理論的には人工林も二次林である。

天然林の多くは極相林（原生林、老齢林）であるが、大中規模の自然攪乱を受けた後の二次林も含むものである。なお、自然林という用語は、天然林と同じ意味で使われていることが多いようである。

重ねて述べると、原生林（極相林、老齢林）と二次林という用語は、遷移段階または森林の発達段階（次頁参照）の時間方向の区分の用語である。それに対して天然林、天然生林、人工林という用語は、人手の加わり方の度合いによって分けられた区分の用語である。これらの関係と違いをしっかりと把握することは、目標林型を定めるための要素として、そして森林の管理・施業の理論を分かりやすくするために重要である。様々な立場の人たちの合意形成を図るためには、用語の正しい意味をお互いに理解して議論することが不可欠である。

森林の発達段階

森林の発達段階の意義

森林の管理や施業の技術を検討するに当たって、絶対不可欠なことは、時間方向に沿って森林はどのように構造が変化していくかという法則性を知ることである。1980年代までは「植生遷移の理論」はあっても、「時間軸に沿った森林の構造の一般的な変化を示す理論」は知られていなかった。私は1970年頃から複層林施業の研究を行ってきたが、その基礎理論に森林の構造の発達段階の理論が必要であった。遷移の理論は森林の構造の変化を捉えるにはあまりにも漠とした概念で森林施業への応用には適さず、森林の構造の変化に関する法則性を模索していた。

そうした頃（1980年代後半）にアメリカでは、オリバーのように「森林（林分）の発達段階」という概念で森林の構造の時間方向の変化を見ていく研究のなされているのを知り、それは大いに参考になった。森林生態系は多様な機能を有しているが、それらは森林の時間方向の構造の変化、すなわち森林の発達段階によって変化する。したがって森林の発達段階の一般的な法則性と、それに伴う機能の変化を理解しておくことは、森林の管理と施業にとって基本的に重要である。特に伐期の理論や複層林施業の理論の根底としてそれは不可欠であるとともに、いわゆる公益的機能といわれるものとも同じ土俵で関連付けて議論できる優れたものである。

森林の発達段階のモデル

図29（150頁）は、大きな攪乱（強風、火災、伐採）があった後、大規模または中規模の攪乱がない状態が続いたときに、森林の構造は一般にどのように変化していくかの法則性を、天然林と人工林の両方について示したモデルである。攪乱から最も長い時間（150年かそれ以上）の経った老齢段階（極相段階とほぼ同じ）では、それまで優勢木であった木の中に衰退木や立ち枯れ木が生じ、倒木も見られる。この段階は林分の構造の多様性が最も高く、生物種のタイプの多様性も高いものであり、主に天然林で見られるものである。人工林は一般に木材生産を目的とするものであり、せっかく大径木にまで育ったものが衰退したり、枯死したりすることは好ましくないので、人工林は成熟段階までで回転させ、老齢段階のないのが普通である。

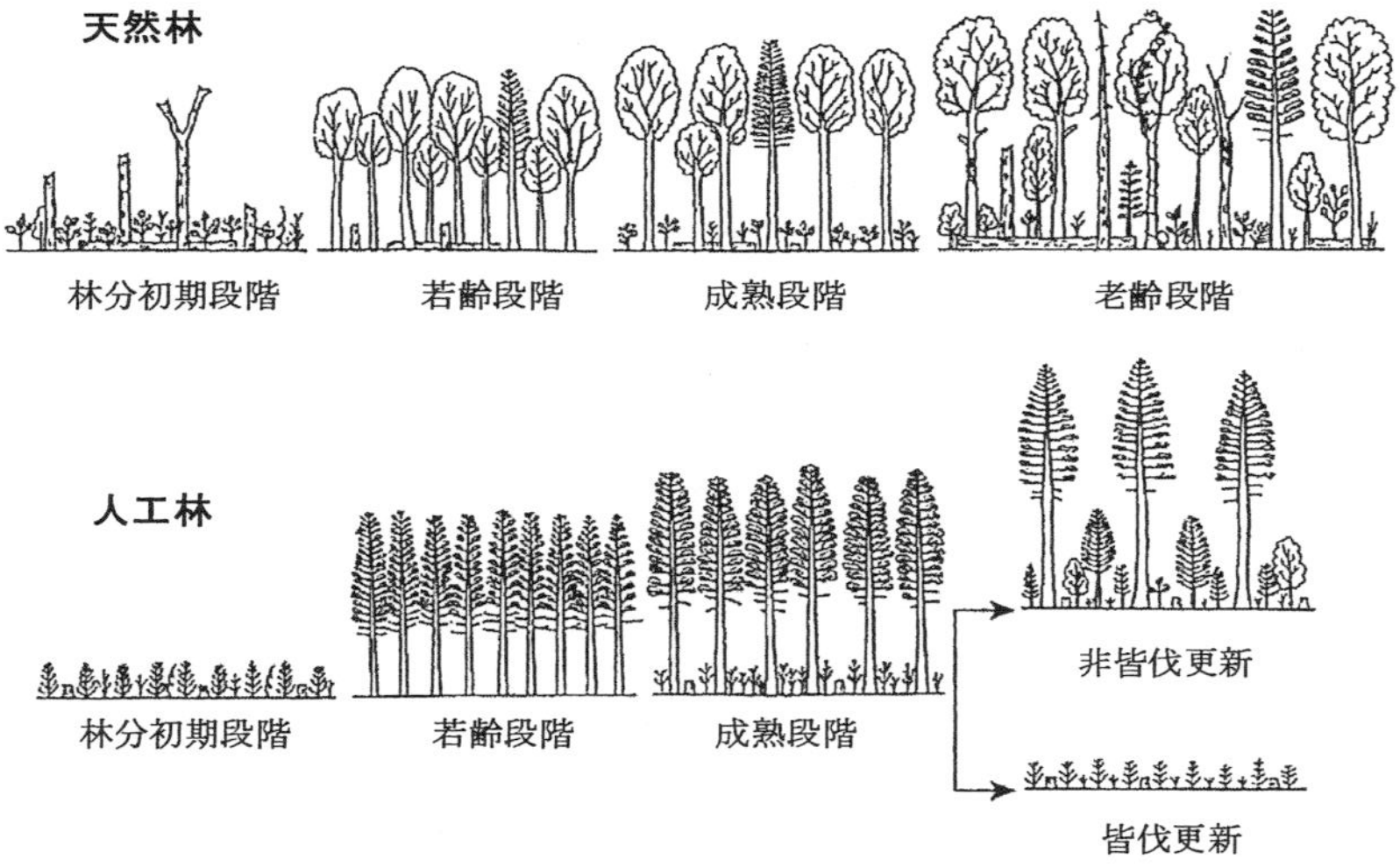

図 29　森林（林分）の発達段階のモデル（藤森、1997）

Oliver (1981) や Franklin and Hemstrom (1981) などを参考に描いたものである

天然生林は、天然林に近い状態のものから薪炭林のようなものまで、様々な構造のものまであるが、それらを一つの図の中に収めることは困難なので、図29では天然生林は省いてある。しかし天然林と人工林（一斉単純林）の法則性を理解しておけば、その中間的ないろいろなケースへの応用は利くであろう。なお、中規模の攪乱が頻繁に起きた場合は、森林の構造は最も複雑になる。

各段階の構造の特色

大きな攪乱を受けた後のしばらくの間は、樹木を含む様々な植物が生存を競い合うが、この段階を林分初期段階（林分成立段階）と呼んでいる。林分初期段階は、天然林では攪乱から15年ぐらいまでの様々な期間であり、人工林では10年ぐらいまでであることが多い。やがて高木性の樹種が優占して林冠が強くうっ閉するようになり、林内は暗くなって、地表の植生は目立って乏しくなる。この段階を若齢段階と呼んでおり、その期間は天然林、人工林ともに攪乱から50年ぐらいまでである。人工林は同じサイズの苗木が同じ間隔で植えられて同じように育つので、林冠閉鎖すると林分全体の光環境に乱れがなくて、林内は特に暗いことが多い。人工林の若齢段階では、劣勢木を中心に本数間伐率にして30％ぐらいの間伐を行っても、数年で再閉

図30　老齢段階の森林（対馬、国有林）
常緑広葉樹が主体の老齢林（極相林、原生林）である

鎖してもとの状態に戻ってしまう。だからもっと強い間伐か頻度の高い間伐が必要である。

攪乱から50年ぐらいたってくると樹冠同士の間に隙間ができて、林内は適度に明るくなり、下層植生が豊かになってくる。間伐をしなくても50年生ぐらいを過ぎるとそうなってくる（ただし間伐せずに成熟段階に達したものは気象災害に弱い）。この段階を成熟段階と呼び、成熟段階は１００年ぐらい続くことが多い。樹冠同士の間に隙間ができるのは、木が大きくなるにつれて風で揺れる振幅が大きくなり、樹冠同士の衝撃力が増し、枝葉の先端がすり落とされるためである。

成熟段階が長く続くうちに、それまで高木層を優占していた大径の優勢木の中に衰退し、枯死し、倒れるものが生じ、随所に順次ギャップが生じる。そしてギャップの古さに応じた様々な生育段階の樹群からなるパッチ構造と階層構造の発達した複雑な構造になる。これが老齢段階で、老齢段階は天然林において見られるのが普通である（図30）。

極相林と老齢林（老齢段階の森林）という用語はほとんど同じに使われているが、違うところがあるとすれば、極相林は極相構成種が優占しているものを指すのに対して、老齢林は大径の衰退木、立ち枯れ木、倒木が林分構造の中に含まれているものを指すことである。極相林は種構成を重視する植物社会学的な用語であるのに対して、老齢林は生態系の機能を重視する用語であるといえる。しかし両者は一致することが多いものである。

森林の発達段階に応じた機能の変化

変化のパターンの特色

図31（155頁）は、森林の発達段階に伴う森林の各種機能の変化を示したものであり、表

3（155頁）はそれを表に整理したものである。この図で純生産量以外の機能の値の線は、左端のスタートの時点で老齢段階の値と同じに高い。それは攪乱を受けた瞬間の老齢段階の状態からスタートしたことを示しているからである。そのように扱ったのは、強風の攪乱を受けた直後の炭素貯蔵量は老齢段階のそれとほとんど変わらないことと、生産量以外の機能の変化のパターンが森林生態系の炭素の貯蔵量の変化のパターンと同調していることに着目したためである。それに対して純生産量がゼロに近い値からスタートしているのは、炭素の吸収速度（純生産速度）は攪乱の直後にゼロに近くなるからである。

前述したように、この図から生物多様性の保全機能、水源かん養機能、生態系の炭素貯蔵量は同じような変化のパターンを示していることが分かる。それに対して純生産量（純生産速度）の変化のパターンは、上記の機能の変化とほとんど逆のパターンを示している。すなわち生産速度は若齢段階で最も高いのに対して、他の機能は若齢段階で低下しているのである。そして生産速度は成熟段階で漸減し、老齢段階でやや低い値で安定的になるのに対して、他の機能は成熟段階で漸増し、老齢段階で高い値で安定的になるのである。この法則性を認識しておくことは、機能目的別の目標林型を考えていく時に非常に重要である。この認識なしには目標林型を理論的に語ることはできない。

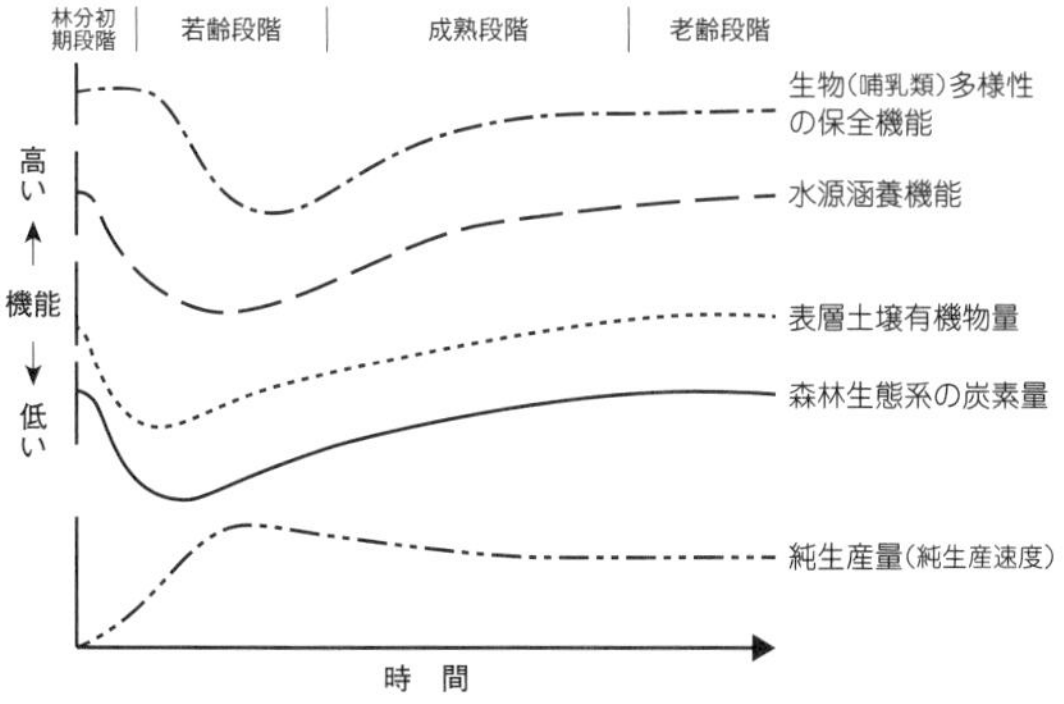

図31　森林の発達段階と各種機能の変化との関係（藤森 2003）

多くの文献の図を参考に描いた。5本の線は見やすいように一定の間隔をあけて並べたもので、お互いの線の間には量的関係はない。それぞれの線がどのように変化しているかを見ることが大切である

		森林の発達段階			
		林分初期段階	若齢段階	成熟段階	老齢段階
森林の機能	木材生産（成長速度・炭素吸収速度）	低い	高い	比較的高い	比較的低い
	生物多様性の保全	比較的低い	低い	比較的高い	高い
	水土保全	低い	低い	比較的高い	高い
	炭素貯蔵量	低い	比較的低い	比較的高い	高い

表3　森林の発達段階と機能の関係（全国提案型施業定着化促進部会、2010）

（注）生物多様性は、図31において林分初期段階で高いのに、表3で比較的低いとしたのは、鳥類の種多様性は林分初期段階で低い傾向が認められているからである

なお、この図にある生物多様性とは、哺乳類の種数のことである。水源かん養機能とは年間の河川への水の流出量のことである。水源かん養機能として、水流出量の平準化が重要な要素であるが、水流出量の平準化は森林の発達段階が進むほど高くなって安定していくことは既によく分かっている。

森林の発達段階に応じてそれぞれの機能が変化する理由について次に説明する。

各機能の変化とその理由

生産機能

純生産量は時間（1年間）単位の生産量なので、それは純生産速度である。純生産量というのは総生産量（光合成量）から呼吸消費量を引いた値であり、成長量にほぼ等しいとみてよい。したがって図31（155頁）の純生産速度の線は成長量の線と見てよく、さらに幹の成長量と置き換えてもよい。すなわち図31（155頁）の純生産速度の線の変化のパターンは材積成長量のそれと同じとみてもよいのである。

材積成長量は林分初期段階から若齢段階にかけて急激に上昇し、若齢段階の中盤から終盤あたりでピークを示し、成熟段階でやや減少し、その状態で以後安定的になる。

若齢段階の中盤を過ぎたあたりで成長量が最大になるのは、樹木が若くて活力があることと、林冠が閉鎖して単位面積当たりの葉量が最も多く保持されている時期だからである。それに対して成熟段階で漸減していくのは、樹冠同士の間に空隙が増えていくことと、樹齢が増すにつれて活力が低下していくためとみられる。

水源かん養機能

攪乱直後（林分初期段階）は、土壌の多くの面が裸地化されて、地表流の土壌侵食が起きやすく、保水機能が低下する。若齢段階では、強く閉鎖した林冠による降雨の遮断量が大きいことと、成長の旺盛な林木の水消費量（蒸散量と光合成の水消費量）が多いために河川への水流出量は減る。また若齢段階では下層植生が乏しいために地表流や風による落葉の流亡や飛散が生じ、土壌侵食も起きやすく、保水機能は向上しない。それに対して成熟段階から老齢段階に向けては、その構造の特色から、前述の欠点はなくなっていく。特に老齢段階に向けての土壌構造の発達と土壌層の厚さの進行は保水機能を高める。また随所のギャップは林内到達雨量を多くし、それは林内の日陰と風当たりの弱さのために蒸発しにくく、その分、土壌に浸透しやすくなる。人工林における間伐の重要性はこのような水源かん養機能の点からもよく認識すべきである。若齢段階での間伐は成熟段階の構造に早く近づけるという意味がある。

生物多様性維持機能

図31（155頁）における生物多様性は、哺乳類の種多様性で示されているために林分初期段階で高い値になっている。しかし鳥類の種多様性に関する論文によると、林分初期段階で低い値から急上昇して、若齢段階で再び低下し、後は図31（155頁）の線と同じように成熟段階で漸増し、老齢段階で高い値で落ち着く傾向を示している。すなわち生物多様性は哺乳類や鳥類などのタイプによって林分初期段階の傾向は異なるが、後は同じようなパターンのようである。

生物多様性が若齢段階以降でこのような変化のパターンを描く理由は、若齢段階では下層植生が乏しく、階層構造が単純であるために、動物にとっての採餌、営巣、避難場所が少ないためと考えられる。それに対して成熟段階で生物多様性が増していくのは、草本層や低木層が発達して植物種の多様性が増し、動物種にとっての採餌、営巣、避難場所が増えるためと考えられる。

老齢段階では大径の衰退木、立ち枯れ木、倒木が存在し、それがないと生存できない生物がたくさんおり、それらはまた生態系にとって不可欠なものである。例えば多くのキツツキ類は、衰退木に穴を開けて巣をつくり、それがウロ（樹洞）となって多くの動物に営巣や避難場所を提供するが、天然林がなくなるとキツツキ類の多くは絶滅し、それに依存している生物も絶滅の危機にさらされていく。多くの菌類やシダ類などにおいても同じことがいえ、老齢段階を有する天然林は生物多様性が豊かである。

生態系の炭素貯蔵量

森林生態系の炭素貯蔵量の多くは土壌の炭素貯蔵量で、一般的には樹木などの生きた生物体の炭素貯蔵量よりも土壌中の炭素貯蔵量の方が多い。老齢段階の森林が大きな攪乱を受けると、森林生態系の有機物は分解が急激に進行し、林分初期段階では炭素貯蔵量が急減し、若齢段階の初期まで減少が続く。しかし炭素の吸収量（純生産量）も急増してくるので、炭素貯蔵量は若齢段階に入ってしばらくすると増加に転じ、以後成熟段階を通して増え続け、老齢段階で高い値で頭打ちになる。

目標林型の求め方

図31（155頁）と表3（155頁）における森林の発達段階の構造と機能の変化との関係から判断すると、環境林（水土保全や生物多様性の保全を第一に考える森林）の目標林型は生物多様性や水土保全機能の高い老齢段階のものということになり、それは天然林または天然要素の高い森林だということになる。老齢段階には、パッチ状に林分初期段階から成熟段階までの構造が含まれており、それが自然のメカニズムで更新、回転しているので、老齢林の構造の多様性が高く、環境林として費用対効果の高いものである。老齢段階は複層林型であり、天然林は自然のメカニズムで複層林化していくものである。公益的機能には複層林がよいというのであれば、公益的機能を第一に求める場所には天然林を多く配置するのが費用対効果から最も利口だということになる。

複層林施業というのは、普通は（木材生産のために）目的とする樹種を更新回転させていくために人手を掛けていくものである。複層林という言葉と、複層林施業という言葉は注意して分ける必要がある。

同じく図31（155頁）と表3（155頁）から判断して、生産林（木材生産を第一に考える森林）の目標林型は、若齢段階の終盤から成熟段階の後半までの人工林または天然生林ということになる。材積収穫量を最大にしようと思えば、平均成長量が最大になるところで収穫するのが有利であることは古くから知られているところである。そのような伐期を「平均成長量最多の伐期齢」と呼んでおり、それは50年生前後、すなわち若齢段階の終わりから成熟段階の初めにかけての頃に相当すると考えられてきた。

しかし近年の多くの調査報告からは、平均成長量最多の伐期齢はもう少し林齢が高いところにあるのではないかと考えられるようになっている。また、構造用材の採材歩留まりについてみると、平均成長量最多の伐期齢よりも伐期を高目にして、大径材を生産した方が有利だといえるし、大径になるほど材質は向上するのが一般的である。さらにまた同じ収穫量を得るのであれば、細い丸太は本数が多く必要であり、太い丸太は本数が少なくてすむために、機械を使った素材生産過程の効率は大径材を対象にした方が、すなわち長伐期施業の方が高くなる。

木材の生産を第一に考える生産林においても、他の機能の発揮との乖離をできるだけ小さくし、生産と環境の調和を高めていくことが大事である。成熟段階の中ほど（100年生前後）まで伐期を伸ばしていくと、水源かん養（水土保全）機能や生物多様性の維持機能などとの調

図 32　生産林の目標林型　90 年生のスギ林（山形県、岸三郎兵衛氏経営林）

適時に間伐が重ねられてきた森林で、樹冠長率、形状比ともに適正で、形質の良い林木で構成されている

図 33　生産林の目標林型　150 年生のスギ林（山形県、岸三郎兵衛氏経営林）

図 32 の林分はやがてこのような構造となり、さらに間伐を重ねて長伐期施業を続ける模様だが、長伐期施業の当面の目標林型というものはこういうものであろう

図34　生産林の目標林型　80年生のヒノキ林（三重県、伊勢神宮宮域林）

ヒノキの大径材を早く生産するために、生産目的とする木が一定の樹冠下高を得た後は、その樹冠に十分な生育空間を与える間伐を繰り返している林分。その結果として下層の構造が豊かになり、生物多様性、水源かん養機能の発揮においても優れた森林になっている。200年生を目標とする途中段階の目標林型である

和が高くなってくることが図31から分かる。生物多様性が高いことは、土壌生物の多様性が高いことを意味し、土壌生物の多様性が高いことは土壌構造の発達と密接な関係がある。このように生物多様性の高さと水源かん養機能の高さは同調し、そのことは土壌生産力の高さとも連なる。したがって長伐期施業や非皆伐施業など、持続的な林業経営に適した施業体系に基づく

図 35　生活林の目標林型（秋田県、佐藤清太郎氏経営林）

落葉広葉樹を主体の中にスギを群状に育てている。広葉樹はきのこ原木、薪炭材などに供し、林内ではきのこや山菜などが採取できる

森林経営は、いわゆる公益的機能との調和を高めることができることになる。

ここまでに環境林と生産林という用語を使ったが、そこに住んでいる人たちの普段の生活の環境保全に貢献しながら、生活に必要な木材や林産物を収穫するような森林を生活林と呼ぶ。いわゆる里山林的な森林である。生活林は生産林と環境林の中間的な性質を有するものである。生活林には薪炭林のようなものから広葉樹や針葉樹の材を必要の生じたときに収穫するようなものまで様々なタイプのものがあるが、その主体は天然生林である。生活林の目標林型の多くは天然生林の若齢段階から成熟段階までのものである。

機能区分	目的とする機能	目標林型		管理・施業の特色
		林種	林分の発達段階	
環境林	生物多様性の保全 水土保全	天然林	老齢段階を主体に、一部成熟段階	林分の発達段階で成熟段階以降のものには特に必要のない限り手を加えない。
生活林	里山林の機能 保健文化、地元生活に結びついた生産機能(エネルギー材や特用林産物などが多い)	天然生林 人工林	若齢段階から、成熟段階まで	目標に応じた多様な機能の併存・併給を心掛けた施業を行う。
生産林	商業的木材生産	人工林 天然生林	成熟段階を主体に、一部若齢段階	生産目的に照らして完備した体系に基づく施業。 長伐期多間伐施業、複層林施業への誘導を心掛ける。

表4　求める機能ごとの代表的な目標林型（国民森林会議、2003 を一部修正）

第10章

健全な森林の判断要素

健全な森林の姿を描き、健全な森林の管理に努めなければならないことは言うまでもない。しかし健全な森林の姿は求める機能によって異なるので、本章ではまずそのことを整理し、その上で木材生産を目的とした人工林の健全性について検討する。

環境林の健全性

生物多様性や水土保全を第一の目的とする環境林の目標林型の代表的なものは天然林である（9章の中の「目標林型の求め方」）。森林生態系としての健全性には、生態系の中に大径の衰退木、立ち枯れ木、倒木が存在していることが不可欠である。したがって森林生態系の健全性のためには、流域の森林の中に天然林が一定の比率で含まれていることが必要である。天然林には老齢段階のものが多く、環境林にはその構造と機能が必要であり、その内容については9章で説明した。

さらに付け加えると、倒木により生じたギャップはワシ、タカ、フクロウなどの猛禽類の採餌場所として重要であり、天然林は森林性の猛禽類の生息環境として重要である。ギャップは

図36　環境林として重要な渓畔林

林内到達雨量を多くするなど、水源かん養機能の上でも大事な機能を果たしている。構造の多様性は天然林の健全性の大事なポイントである。なお、環境林の中には、天然生林が目標林型になるものもあり、その場合にはその目的に応じた管理・施業が必要である。

渓畔林や河畔林として天然林を残したり再生することは重要である。森林生態系と河川生態系を結ぶ渓畔林や河畔林は生物多様性にとって極めて重要であり、水土保全にとっても重要である。

生活林の健全性

その地域の人たちの普段の生活環境保全機能を果

図 37　健全な生活林（大阪府、金剛・葛城山系山麓）

生活林は風致への配慮も必要で、NPO の活動もそのことに貢献している

たし、必要に応じて木材や林産物を供給できる生活林の目標林型は、多くの場合は天然生林である。強風で倒れやすい針葉樹人工林を民家の直ぐ裏山やメイン道路わきに造成するのは好ましくない。またマツ以外の針葉樹人工林は、根系が浅いために崩壊防止の点から好ましくない。

それからするとクヌギやコナラなどの深根性の広葉樹を多く含む天然生林が好ましい。広葉樹はその樹型や材質が風や雪に対して強いものが多く、深根性のものも多いので表層崩壊に対して安全性が高い。また広葉樹林はきのこや山菜など様々な林産物を供給してくれる。しかし広葉樹林といえども若齢段階で過密だと下層植生が乏しくて不健全になるので、木材の利用と合わせて適時間伐したものの方が健全性が高いといえる。

薪炭材やきのこ原木材生産の萌芽林は、地上部重に対して地下部重が大きく、地上部の重心も低いなど、強風に対して安全性が非常に高い。民家やメイン道路に接した林地には萌芽林を配置するのは合理的である。

生活林は、風致的に見苦しくないことが大切である。ササやイバラやツルなどが繁茂して人々が林内に入るのを拒むような天然生林は好ましくない。したがって灌木は薪に活用するなど、普段の生活との結びつきが大切であり、そういう森林が健全な生活林としての天然生林である。しかし生活場所から少し離れれば、人手の入り方の少ない天然林に近い天然生林もあってよい。

生産林の健全性

気象災害に対して

日本には針葉樹の種類は多いにもかかわらず、亜高山帯や亜寒帯を除けば針葉樹の純林の天然林がまれなのは、気温や降水量の条件のほかに、強風や冠雪に対する耐性の問題があるからだと考えられる。したがって、針葉樹人工林は強風や冠雪害などの気象災害に対して弱いことを認識し、気象災害に対して弱い構造の過密な森林は不健全であることを強く意識しなければならない。ただし、攪乱場所に生育する先駆樹種のアカマツやクロマツは、深根性であることや樹型の特色から耐風性と耐冠雪性はかなりあり、純林も多く見られる。

過密で下枝の枯れ上がりが顕著で樹冠の貧弱な木で構成された森林は、風や雪で共倒れを起こしやすく、不健全な森林である。針葉樹人工林は、樹冠がしっかりとした個々の木で構成されたものでなければならない。樹冠が上の方に偏っていると重心が高くなり、かつ幹が細長く（形状比が高く）、根系の発達が悪いので、風や冠雪で幹が曲がったり、折れたり、根返りを起こしやすい。したがって樹冠長率を好ましい範囲に保つことが大切で、樹冠長率が50％（樹高の半分）かそれより多いぐらいの森林は健全で、35％（樹高の3分の1）以下の森林は不健全だというような見方が必要である。これは私が台風や冠雪の被害地を多く調査したり、多くの報告書を調べた結果から言えることである。

台風や冠雪の被害林分で、林縁木は被害を受けていないケースが非常に多い。それならば、気象災害に対して強い針葉樹人工林をつくるには、林縁木のような木の集団の林分をつくれ

図 38　風害に弱い林分

樹冠長率が極端に低く、形状比は高く、風に対して弱い構造である

図 39　冠雪害に弱い林分

樹冠長率の小さな個体が主に被害を受けているが、将棋倒しにより樹冠長率の比較的大きな木も被害を受けている。林分が過密になるほど将棋倒しが起きやすい

ばよいということになる。林縁木の樹冠は外側は低いところまであり、内側はある程度枯れ上がっていてアンバランスであるが、林縁木の樹冠量の多いことを参考にすればよいのであって、要は均整の取れた樹冠長率の高い林内木を育てていけばよいのである。

この場合に次のことを頭に置いて考えることが必要である。台風に対して20年生以下の林分は被害率が明らかに低い。その理由として、風速は地面に近いと低いので樹高が低いと被害を受けにくいことも考えられるが、20年生ぐらいまでは密度効果で下枝が枯れ上がっても、樹冠長率はそれほど低くなっていないということがある。また幹の中の未成熟材の比率が高くて風に対して柔軟性があるのかもしれない。風に対しては20年生以降の林分において、樹冠長率に注意を払っていくことが大切である。だからこそ15年生頃から最初の間伐を何時、どのくらいの強さで行うかに注意を払う必要がある。

冠雪に対しては20年生代の林分の被害率が高い傾向がある。冠雪害は幹が太くなると被害は少なくなる。一方、冠雪害は樹冠長率が小さく（形状比が高く）なると重心が高くなり、幹の太りが悪いので被害率が高まる。また樹冠同士の接する度合いが強くなるほど、降雪は樹冠下へ到達し難くなり、その分樹冠に多く捕捉される。したがって適切な間伐のなされていない20年生代の森林は、まだ幹が細くて樹冠長率が小さく、樹冠量の割に冠雪量が多くなりがちなので、その時期に被害率が目立って高くなるのだと考えられる。そのことから、冠雪害を避けるためにも15年生頃から最初の間伐を何時、どのぐらいの強さで行うかに注意を払う必要がある。以上から台風被害を受けにくくするためにも、冠雪害を受けにくくするためにも、15年生ぐらいから、樹冠長率を見ながら最初の間伐をどのようにするかを考えることが大事である。

なお、無節性の高い良質材の生産のために、15年生ぐらいまでに枝打ちによって樹冠長率が35％ぐらいまで打ち上げることもあることは、その目的からしてやむを得ないことである。ただし多雪地帯や冠雪害の常襲地帯ではそのリスクは避けるべきである。

木材生産のために人工林を管理しているのであるから、質の高い材をできるだけ多く生産するためにある程度枝下高を高めるという考えと、気象害に強い森林を維持管理していくという考えの、その調和点が樹冠長率50％辺りということである。１００年生に近い針葉樹人工林やそれ以上の高齢林を見ると、樹冠長率が少なくとも50％以上はあり、60％ぐらいあるものが多いことに気がつく。ということは、樹冠長率が30％や40％ぐらいでは１００年生にまでたどり着くのは難しいということである。長伐期施業に持っていくためには、ともかく樹冠長率が50％かそれより大きめの木を育てていくことが大切である。したがって長伐期施業は収穫を伴う多間伐施業でなければならない。4章の中の「望ましい間伐シリーズの一例」の図18（79頁）

はそのような施業体系の一つのモデルである。

本書でこれまでに望ましい人工林の姿として掲げてきた図2（19頁）、3（23頁）、7（33頁）、26（129頁）、32（162頁）、33（162頁）、34（163頁）などは、樹冠長率も形状比も適正で気象災害に強いものであることが分かる。

土壌保全に対して

過密な林分は林内への光の配分量が非常に少なく、林床の植物は極めて乏しい。ヒノキ林の場合は、林床の植物が乏しいと鱗片状に分かれた落葉が地表流で流されて、土壌の落葉層は形成されない。小さな下層の植物は落葉を引っ掛けてその流亡を防ぎ、そこに定着させる役割を果たしているのである。下層植生や落葉層がないと雨滴が硬質土壌の表面を直撃し、跳ね上がった泥が地表流で流される。傾斜角が25度以上でのヒノキの過密林は特に問題が大きい。いったんこの状態が起きてから間伐すると、林内到達雨量が多くなり、しばらくは土壌侵食が激しくなるというマイナススパイラルが起きる。だからといって間伐をやめろということにはならず、間伐木の丸太を水平方向に配置して地表流の流下速度を抑え、時間をかけて植生の回復を待たなければならない。ヒノキ以外の樹種でも、下層植生が乏しいと土壌生物も乏しく、そのために土壌構造の発達が遅れる。そのことは土壌生産力や水源かん養機能にもマイナスである。以上のことから土壌保全に対して健全な人工林は、下層植生の豊かなものである。仮に50年の短伐期施業を行うとすれば、そのほとんどの期間は若齢段階の期間である。若齢段階は林冠の閉鎖度が強く下層植生が乏しい段階である。したがって人工林をつくれば、土壌保全のために積極的な間伐は不可欠である。特に若齢段階の50年生ぐらいまでの積極的な間伐は土壌保全のためにも重要である。

生物多様性と生物被害に対して

人工林そのものが目的樹種を多く育て、収穫量を増やそうとするものであり、生態系の多様性は乏しくなり、生物多様性は必然的に低くなることは避けられない。そのことは認めたうえで、その欠点をいかに小さくするかを、経営目的と照らしながら考えていくことが大切である。利用価値の高い材を安全に生産することと、土壌保全と合わせて生物多様性に対して健全性の高い森林の構造を考えていくことが大事である。それは取りも直さず、利用価値の高い材を安全に生産していく間伐（密度管理と選木）をしっかりと進めていくことである。それによって低木層や草本層が豊かになり、それに伴う動物相も豊かになる。伐期を長くするほどその機能が高まり、あるいは維持することができる。

林分が過密だと個々の木の成長は落ちて活力が乏しくなり、病虫害に対する耐性は落ちやすい。また過密で生態系が単純になり、生物多様性が乏しくなると、特定の病虫害が広がりやすい。したがって個々の木の成長がよくて下層植生の豊かな森林を目指すことが必要である。

利用価値に対して

木材生産を目的とした林業経営においては、できるだけ利用価値の高い幹をできるだけ多く生産することが大事である。製材用の材において、利用価値の高い材とは、通直性が高くて、完満（元口と末口の太さの差が少ない）であり、無節性が高く、年輪幅がよくそろっていて、傷のない材である。

過密な林分で育っている木は完満過ぎて曲がりやすく折れやすい。また年輪は内側では広いが外側は極端に狭く、材質としては評価されない。過密な林分では細長い木が多く、細長い木は強風で強くゆすられると、外観的に被害は見えなくても、年輪に沿って剥離（目回り）が生じたり、材に亀裂（目切れ）が生じたりして、製材時にその欠点が露出する。一方、過疎な林分で育っている木は、梢殺《うらごけ》（元口と末口の太さの差が大きい）であり、板目材でも柾目材でも年輪が斜めに走り評価は低い。また過疎な林分では、枝打ちをしなければ大きな節が多く、無節部分は少ない。

以上のことから生育段階に応じて適正な密度が維持され（適正な樹冠長率が維持され）ていくことが大事であり、そのように管理された森林が健全な森林である。樹冠長率が50%かそれより多めに与えられるように管理していくと、そのことだけで比較的優れた材を比較的早く収穫することができる。

おわりに

「間伐と目標林型を考える」ことは、木材の生産工場をどのような構造と機能のものにし、より良い材をいかに計画的に収穫していくかということに連なるので、それは林業経営にとって最も基本的な生産技術を考えることである。そのことと機械と道の技術を結びつけ、そして作業システムをコスト分析を通して評価することによって林業経営全体の生産性を高めることができる。本書は林木の成長や生態的に見た間伐技術を中心に解説したものであるが、その技術は機械、道、作業システムと一体となって成果を得るものであるから、それらの方面の優れた解説書と合わせて読んでいただきたい。そのような解説書としては、本書の参考文献欄の中に掲げた、大橋慶三郎著『道づくりのすべて』、大橋慶三郎・岡橋清元共著『作業道づくり』、酒井秀夫著『作業道ゼミナール―基本技術とプロの技』、湯浅勲編著『実践マニュアル―提案型集約化施業と経営』、全国森林組合連合会『提案型集約化施業基本テキスト』、全国提案型施業定着化促進部会『提案型集約化施業テキスト』などがある。

おわりに

近年の林業振興の動きの中では、これまで遅れていた道づくりと機械化の方に関心が注がれているが、実は間伐技術は古くから重視されながら、多くの現場において低いレベルのままであることをよく認識していただきたい。これは私が全国各地の現場を見て回って強く感じていることである。道をつくるときには将来の目標林型と間伐効果のことを考え、機械を操作するときには間伐後の林木を傷めたり、生育空間の大きな無駄を作らないことなど、価値ある森林づくりに反しない技術が大事である。そのことは経営そのものを左右することだから現場の技術者も経営者もともに理解を深めなければならないことである。

このような大事なことを、このサイズの本の中で十分に記述することは難しかったが、大事な要点はできるだけ分かりやすく記したつもりである。本書が日本の林業技術の向上に役立ち、日本の林業を発展させ、日本の森林を豊かにすることに連なれば幸いである。

藤森隆郎

参考文献

安藤貴（１９６８）密度管理、農林出版、２４６pp.

安藤貴・蜂屋欣二・土井恭次・片岡寛純・加藤善忠・坂口勝美（１９６８）スギ林の保育形式に関する研究、林試研報２０９、１-１７６.

安藤貴（１９９４）密度管理、造林学―基礎の理論と実践技術（佐々木恵彦他7名）、川島書店、１４７-１７２.

千葉幸弘（２００６）多様な林型への誘導技術の開発―林分成長シミュレーションによる育林診断を目指して、独・森林総合研究所公開講演会資料

千葉幸弘（２００９）間伐に伴う林冠閉鎖までの所要年数、関東森林研究No.60．１４９-１５０.

Franklin, J. F. and M. A. Hemstrom (1981) Aspects of succession in the coniferous forests of the Pacific Northwest. In D. C. West, H. H. Shugarut, and D. B. Botkin (eds), Forest Succession: Concepts and application. Springer-Verlag, Inc., New York 222-229.

藤森隆郎（１９９７）新たな森林管理―エコシステムマネージメント、森林科学21、45-49.

Fujimori, T. (2001) Ecological and silvicurtural strategies for sustainable forest management. Elzevier. Amsterdam. 398pp.

藤森隆郎（２００３）新たな森林管理—持続可能な社会に向けて、全国林業改良普及協会、４２８pp.
藤森隆郎（２００６）森林生態学—新たな森林管理の基礎、全国林業改良普及協会、４８０pp.
藤森隆郎（２００９）地域の目標林型を考えよう—経営時代の管理指針を考える、現代林業２００９(3)、14-27.
藤森隆郎等（２０１１）商品を作る間伐の発想と技術—日本版「将来木施業」の山づくり、現代林業２０１１(4)、12-31.
藤森隆郎等（２０１１）ドイツ・フォレスターとの公開討論—将来木施業と森林管理、現代林業２０１１(9)、12-35.
長谷川幹夫（２００７）混交林施業、主張する森林施業（森林施業研究会編）、日本林業調査会、１６６-１７５.
兵庫県（２００５）兵庫県森林災害復旧対策委員会報告書、兵庫県農林水産部農林水産局林務課、38pp.
石川政幸・新田隆三・勝田柾・藤森隆郎（１９８７）冠雪害—発生の仕組みと回避法、分かりやすい林業研究解説シリーズ83、林業科学技術振興所、１０１pp.
梶山恵司（２００４）詳説「21世紀グリーンプラン」、林経協月報５０９、２-23.
石塚森吉（２００６）長伐期林を解き明かす、全林協編、全国林業改良普及協会、58-67.

Kanazawa, Y., Y. Kiyono, and T. Fujimori (1985) Crown development and stem growth in relation to stand density in even-aged pure stands (II) Clear length model of Cryptomeria japonica stands as a function of stand density and tree height. 日本林学会誌67⑽、３９１‐３９７.

国民森林会議（２００３）森林・林業基本計画への提言の基調―特に機能区分と施業について、国民と森林85、20‐35.

溝上展也（２００７）帯状・群状伐採方式の類型、主張する森林施業（森林施業研究会編）、日本林業調査会、１７６‐１８７.

長浜孝行（２００６）鹿児島県のスギ人工林の成長と新管理基準の作成、長伐期林を解き明かす、全林協編、林業改良普及双書１５３、全国林業改良普及協会、１３１‐１５０.

日本造林協会（１９９２）台風19号等による森林災害の記録、日本造林協会、１１８pp.

鋸谷茂・大内正伸（２００３）図解これならできる山づくり―人工林再生の新しいやり方、農山漁村文化協会、１５３pp.

Oliver, C. D. (1981) Forest development in North America following major disturbances. For. Ecol. and Manage. 3. 153-168.

Oliver, C. D. and B. C. Larson (1990) Forest Stand Dynamics. McGraw-Hill, Inc., New York, 467pp.

•大橋慶三郎（２００１）道づくりのすべて、全国林業改良普及協会、１５９pp.

•大橋慶三郎・岡橋清元（２００７）作業道づくり、全国林業改良普及協会、１０６pp.

小野瀬浩司（２００６）山形県におけるスギ長伐期施業林実態からの考察、長伐期林を解き明かす、全林協編、林業改良普及双書１５３、全国林業改良普及協会、99‐１１２.

大貫肇・田口護（２００７）消極的長伐期から積極的長伐期へ—長伐期と通常伐期施業の比較シミュレーション、現代林業２００７／8、42‐47.

•酒井秀夫（２００９）作業道ゼミナール—基本技術とプロの技、全国林業改良普及協会、２８８pp.

澤田智志（２００６）秋田スギの成長と長伐期施業、長伐期林を解き明かす、全林協編、林業改良普及双書１５３、全国林業改良普及協会、83‐98.

澤田智志（２００７）長伐期施業、主張する森林施業（森林施業研究会編）、１４１‐１５６.

Smith, D. M. (1986) The Practice of Silviculture, 8ed. John Wiley & Sons, Inc. New York. 527pp.

高橋絵里奈・竹内典之（２００７）吉野林業地域における高品質大径材生産林の陽樹冠管理、日本森林学会誌73、１０７‐１１２.

The Society of American Foresters and CABI Publishing (1998) The Dictionary of Forestry (J. A. Helms ed.), The Society of American Foresters and CABI Publishing, 210pp.

内田健一（２００７）森を育てる技術、川辺書林、４２１pp.

渡辺一郎・梅木清（２００６）北海道におけるカラマツ人工林の長伐期に向けた現状と課題、長伐期林を解き明かす、全林協編、林業改良普及双書１５３、全国林業改良普及協会、68 - 82.

湯浅勲編著（２００７）実践マニュアル―提案型集約化施業と経営、全国林業改良普及協会、１３４pp.

全国森林組合連合会（２００８）提案型集約化施業基本テキスト、全国森林組合連合会、38pp.

全国提案型施業定着化促進部会（２０１０）提案型集約化施業テキスト、１０６pp.

索引

あ―お

か―こ

たーと

な—の

は—ほ

藤森隆郎 ふじもりたかお

1938年京都市生まれ。農学博士。

1963年京都大学農学部林学科卒業後、農林省林業試験場(現在の独立行政法人森林総合研究所)入省。森林の生態と造林に関する研究に従事。研究業績に対して農林水産大臣賞、日本森林学会功績賞を受賞。1999年、森林環境部長を最後に森林総合研究所を退官。社団法人・日本森林技術協会技術指導役と青山学院大学非常勤講師を務めた。気候変動枠組み条約政府間パネル(IPCC)がノーベル平和賞を受賞したことに貢献したとしてIPCC議長から表彰される。

主な著書

『枝打ち―基礎と応用―』日本林業技術協会

『多様な森林施業』全国林業改良普及協会

『森林の百科事典』(共編著) 丸善

『森林における野生生物の保護管理』(共編著) 日本林業調査会

『森との共生―持続可能な社会のために』丸善

『Ecological and Silvicultural Strategies for Sustainable Forest Management』Elsevier. Inc. Amsterdam.

『新たな森林管理―持続可能な社会に向けて』全国林業改良普及協会

『森林と地球環境保全』丸善

『森林生態学―持続可能な管理の基礎』全国林業改良普及協会

『実践マニュアル 提案型集約化施業と経営』(共著) 全国林業改良普及協会

『藤森隆郎　現場の旅 新たな森林管理を求めて　上巻・下巻』全国林業改良普及協会

『森づくりの心得　森林のしくみから施業・管理・ビジョンまで』 全国林業改良普及協会

『「なぜ３割間伐か？」林業の疑問に答える本』 全国林業改良普及協会

林業改良普及双書 No.163

改訂版 間伐と目標林型を考える

2010年3月10日　初版第1刷発行
2012年7月30日　初版第2刷発行
2021年4月30日　第2版第1刷発行

著　者 ―― 藤森隆郎

発行者 ―― 中山 聡

発行所 ―― 一般社団法人 全国林業改良普及協会
〒107-0052 東京都港区赤坂1-9-13 三会堂ビル
電 話　03-3583-8461
FAX　03-3583-8465
注文FAX　03-3584-9126
H P　http://www.ringyou.or.jp/

装　幀 ―― 野沢清子（株式会社エス・アンド・ピー）

印刷・製本 ― 松尾印刷株式会社

ISBN978-4-88138-404-6

一般社団法人 全国林業改良普及協会（全林協）は、会員である都道府県の林業改良普及協会（一部山林協会等含む）と連携・協力して、出版をはじめとした森林・林業に関する情報発信および普及に取り組んでいます。
全林協の月刊「林業新知識」、月刊「現代林業」、単行本は、下記で紹介している協会からも購入いただけます。
http://www.ringyou.or.jp/about/organization.html
〈都道府県の林業改良普及協会（一部山林協会等含む）一覧〉

全林協の図書

新たな森林管理
持続可能な社会に向けて

藤森隆郎 著

森林管理にかかわる技術者、林業家、ボランティア、NPO、森林に関心を持つ学生や一般の人々など、様々な立場の人たちが共有できる森林管理のあり方を、基礎知識から理論的に分かりやすく解説。テキストとしても最適です。

A5判 ハードカバー 426頁　定価：本体3,800円＋税

ISBN978-4-88138-123-6

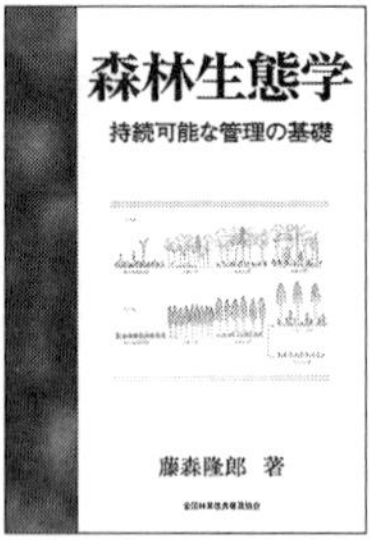

森林生態学
持続可能な管理の基礎

藤森隆郎 著

森林生態学の既存の知識や考えを整理し、新たな考え（仮説）を加えて、より良い政策や森林管理技術への応用につなげていこうとするものです。

A5判 ハードカバー 484頁　定価：本体3,800円＋税

ISBN978-4-88138-170-0

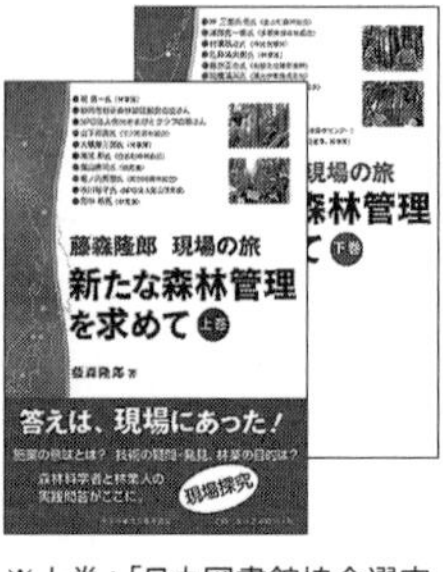

※上巻：「日本図書館協会選定図書」

藤森隆郎 現場の旅
新たな森林管理を求めて（上巻・下巻）

藤森隆郎 著

施業技術の疑問や管理・経営方法の悩み。間伐方法、伐出方法、路網づくり、木材利用、目標林型、利益が出る経営とは、林業の目的とは。森林科学者・藤森先生が、日本各地の現場を訪ね、現場第一線の方々の疑問にズバリ答えます。

A5判 ハードカバー 264頁（上巻）／322頁（下巻）
各巻定価：本体2,400円＋税

（上巻）ISBN978-4-88138-229-5
（下巻）ISBN978-4-88138-257-8

全林協の図書

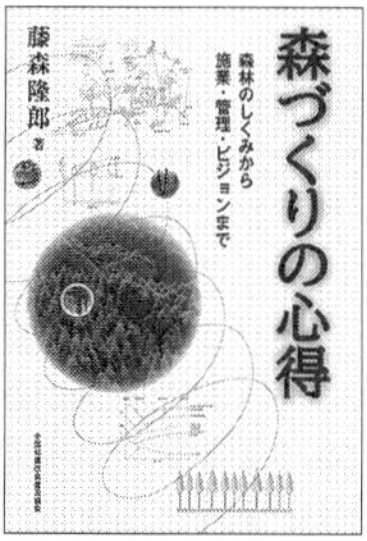

森づくりの心得
森林のしくみから施業･管理･ビジョンまで

藤森隆郎 著

森づくりの全体像を平易に解説。持続性を実現する考え方と技術が集約され、幅広い議論の共通認識に役立ちます。

A5版 ペーパーバック 356頁

※オンデマンド版のため、
Amazonへの直接注文をお願いします

「なぜ３割間伐か？」
林業の疑問に答える本

藤森隆郎 著

生産林、経済林、造林、森づくりの目標、生産と環境の調和、技術の根拠、知識と経験、判断、賃金・給料、生命力のある森、採跡地、大径材、木質バイオマス…林業の現場から寄せられる質問・疑問に、森林科学者・藤森隆郎が答えます。

四六判 ソフトカバー 208頁　定価：本体1,800円＋税

ISBN978-4-88138-318-6

※電子書籍Kindle版もAmazonで販売中

森づくりの原理・原則
自然法則に学ぶ合理的な森づくり

正木 隆 著

森づくりの科学的根拠となる原理・原則を読み解き、そのルールを知ることで最適な森づくりを考える本です。間伐率はどうあるべきか、材積成長の最適化はどう見るか、皆伐、再造林の在り方などは、何を根拠に検討すべきか。そうした答えを本書から見つけることができます。

A5判 ソフトカバー 200頁　定価：本体2,300円＋税

ISBN978-4-88138-357-5

全林協の月刊誌

月刊『林業新知識』

月刊「林業新知識」は、山林所有者のための雑誌です。林家や現場技術者など、実践者の技術やノウハウを現場で取材し、読者の山林経営や実践に役立つディティール情報が満載。「私も明日からやってみよう」。そんな気持ちを応援します。

特集方式で、毎号のテーマをより掘り下げます。後継者の心配、山林経営への理解不足、自然災害の心配、資産価値の維持など、みなさんの課題・疑問をいっしょに考えます。一人で不安に思うことはありませんか。本誌でいっしょに考えれば、いいアイデアも浮かびます。

B5判　24頁　カラー／1色刷　年間購読料 定価:4,320円（税・送料込み）

月刊『現代林業』

月刊「現代林業」は、「現場主義」をモットーに、林業のトレンドをリードする雑誌として「オピニオン＋情報提供」をしており、地域レベルでの林業展望、再生産可能な木材の利活用、山村振興をテーマとして、現場取材を通じて新たな林業の視座を追求しています。タイムリーな時事テーマを取り上げる特集記事／第一線で活躍する林材ライターによる国産材の流通・加工に関するトレンド情報を読み解き、紹介／林研グループ、林業普及指導員、地域のリーダーの取り組み事例を紹介する連載／その他、法律相談、お悩み相談、わがまち木造自慢、インフォメーション他。

A5判　80頁　1色刷　年間購読料 定価：6,972円（税・送料込み）

〈出版物のお申し込み先〉

各都道府県林業改良普及協会（一部山林協会など）へお申し込みいただくか、
オンライン・FAX・お電話で直接下記へどうぞ。

全国林業改良普及協会

〒107-0052　東京都港区赤坂1-9-13 三会堂ビル　TEL. 03-3583-8461

ご注文FAX 03-3584-9126　http://www.ringyou.or.jp

ホームページもご覧ください。

※代金は本到着後の後払いです。送料は一律550円。5000円以上お買い上げの場合は無料。

※月刊誌は基本的に年間購読でお願いしています。随時受け付けておりますので、お申し込みの際に購入開始号（何月号から購読希望）をご指示ください。

※社会情勢の変化により、料金が改定となる可能性があります。